水电站群中长期水文预报及调度的智能方法研究与应用

李保健　著

中国水利水电出版社
www.waterpub.com.cn
·北京·

内 容 提 要

全书共 7 章。第 1 章主要阐述了我国水电发展概况、国内外中长期水文预报及调度研究进展等基础信息。第 2 章主要结合极端学习机算法和小波分析技术特点提出了耦合模型，并将其应用于月径流预报模型。第 3 章对一种新的递归神经网络即回声状态网络进行研究，并结合贝叶斯理论和回声状态网络模型特点进行改进，并应用于日径流预报。第 4 章对差分演化算法进行了改进，并结合并行计算框架进行研究，然后将其应用于梯级水电站群长期优化调度中。第 5 章围绕远距离、长滞时入流在梯级电站中期调度中存在滞时电量问题进行研究，建立了考虑滞时电量的水电系统中期期末蓄能最大模型，并给出了求解方法。第 6 章围绕中长期水文及调度系统，主要从系统设计及其实现方式方面进行论述，并给出了应用实例。第 7 章对全文进行总结和展望。

本书可作为水文与水资源工程专业本科和硕士、博士研究生的参考书，也可供从事水文预报及水库调度相关领域的工程技术人员参考选用。

图书在版编目（ＣＩＰ）数据

水电站群中长期水文预报及调度的智能方法研究与应用 / 李保健著. -- 北京 : 中国水利水电出版社，
2019.12
ISBN 978-7-5170-8311-5

Ⅰ．①水… Ⅱ．①李… Ⅲ．①智能技术－应用－梯级水电站－水文预报－研究②智能技术－应用－梯级水电站－水库调度－研究 Ⅳ．①TV74-39

中国版本图书馆CIP数据核字(2019)第297461号

书　　名	水电站群中长期水文预报及调度的智能方法研究与应用 SHUIDIANZHANQUN ZHONG‐CHANGQI SHUIWEN YUBAO JI DIAODU DE ZHINENG FANGFA YANJIU YU YINGYONG
作　　者	李保健　著
出版发行	中国水利水电出版社 （北京市海淀区玉渊潭南路 1 号 D 座　　100038） 网址：www.waterpub.com.cn E‐mail：sales@waterpub.com.cn 电话：(010) 68367658 （营销中心）
经　　售	北京科水图书销售中心 （零售） 电话：(010) 88383994、63202643、68545874 全国各地新华书店和相关出版物销售网点
排　　版	中国水利水电出版社微机排版中心
印　　刷	清凇永业（天津）印刷有限公司
规　　格	170mm×240mm　16 开本　10.5 印张　206 千字
版　　次	2019 年 12 月第 1 版　2019 年 12 月第 1 次印刷
定　　价	**62.00 元**

前　言

近些年来，我国的水电建设事业取得了突飞猛进的发展，形成了一批具有电站级数多、装机规模大等特点的梯级水电站群。大规模水电站群的不断投入运行，对水电系统运行管理问题构成了严峻挑战。预报和调度是水电系统运行管理中的两大核心问题，其中，及时可靠的径流预报信息是科学制定水电调度方案的重要依据，而合理的调度方案则是充分利用水能资源的重要保障。对于径流预报问题，模型参数的率定效率及预报精度是评价模型性能的关键指标，也是当前研究径流预报所面临的难点；对于调度问题，随着梯级电站级数的不断增多，"维数灾"问题愈加凸显，高效的精细化调度需求难以满足，同时，因梯级上下游距离较远，梯级间的水流滞时对中期发电调度存在一定的影响，需要进一步深入研究。因此，研究如何提高径流预报精度和发电优化调度的求解效率以及合理评价滞时电量问题，对于提升水电系统运行管理水平具有重要意义。本书以我国的水电站群为工程背景，针对上述提出的预报及调度问题，深入研究了具有较高预报精度的人工智能技术建模方法、大规模梯级水电站群并行智能算法求解技术以及考虑水流滞时的水电系统中期发电优化调度。

本书以我国南方水电站群为实际工程背景，针对水电站群中长期径流预报和调度现状，仔细分析了当前存在的部分问题，深入研究了相关的预报调度技术，利用小波分析、神经网络、极端学习机、贝叶斯理论、混沌理论、差分演化算法、并行技术和拉格朗日松弛法等理论和方法的优点进行耦合，并将这些方法应用于工程实际，取得了一些有价值的研究成果，可为实际工程应用提供重要决策依据。全书由作者构思、撰写，并在珠江水利科学研究院王森高工、大连理工大学水电与水信息研究所廖胜利副教授、国网浙江省电力公司张俊高工的指导下完成。另外，本书出版由国家自然科学基金"气候变化下梯级电站径流响应机制及适应性调度研究"（51709109）、河南省高校科技创新团队（18IRTSTHN009）、河南省水环境模拟与治理重点实验室（2017016）和华北水利水电大学水资源高效利用与保障工程河南省协同创新中心提供资助。在此，向所有支持和帮助过我们的领导、同事、朋友表示由衷的感谢！

由于中长期水文预报以及大规模梯级水库群优化调度问题本身的复杂性，加之作者水平等因素所限，书中不足乃至错误之处在所难免，敬请读者批评指正。

作者

2019 年 7 月于郑州

目　　录

第1章 绪 论

1.1 研究背景及意义

我国水能资源丰富，水能资源开发利用近年来取得了巨大成就。"十二五"期间，我国水电迎来了全面竣工和集中投产运行的高峰期。截至 2014年年底，我国水电装机容量实现历史性突破，达到了 3.01 亿 kW，技术可开发程度已超过 50%；2014 全年水电发电量突破了 1 万亿 kWh，占社会总发电量的 19.2%。尽管我国的水电建设成就斐然，但与世界水能开发利用先进国家相比[1,2]，还存在一些差距，因此，仍然具有广阔的发展空间。我国水能资源主要集中在大江大河和干流梯级水库，规划中的十三大水电基地的干流梯级总装机容量为 2.78 亿 kW，占我国经济可开发装机容量的69.16%，特别是西南地区，因独特的地形和气候条件，集中了我国 78% 以上的水电。在水电开发建设方面，西南地区金沙江中下游、澜沧江中下游、雅砻江、大渡河 4 大水电基地干流梯级水电站群已经进入集中投产和全面竣工时期。截至 2014 年年底，干流梯级已投产 2.1 亿 kW，占全国水电 70%，是我国水电的主体。随着流域水库滚动开发建设的不断深入，梯级水电站群数目不断增加，其装机容量在各省级电网中所占比重也将越来越大。因此，研究如何提升水电站群运行管理水平对于充分利用水能资源，保障电网安全稳定运行具有重大意义。

预报和调度是水电站群运行管理中的两大核心问题。较为准确的径流预报是实现水电站群优化调度的前提条件之一，是实现水资源综合利用，满足发电、供水、航运、生态保护等目标的重要保障；水电站群优化调度能够充分利用各电站入库流量、调节库容和发电能力，减少电站无益弃水，增发电量，实现水电站群综合效益最大化，从而产生更多的经济效益和社会效益。由于径流形成机理极为复杂而人们认知水平有限以及水电站群的不断投产运行加剧了优化问题求解难度，目前水电站群中长期径流预报和发电优化调度中还存在一些挑战。

径流的形成过程是由降雨和人类活动等多个因子综合作用的结果，其实质是一个复杂的非线性动力学系统，虽然径流预报是依据流域径流形成的客观规律，利用已知信息（如降雨和流量等）对未来一段时间内流量做出定性或定量的预测，但建立能够描述如此复杂问题的动力学方程却极其困难。随着水文预报技术的发展，产生了大量水文模型。对于短期水文预报问题，这些模型有概念性降雨－径流模型、黑箱模型以及基于物理机制的分布式模型等，由于在较短的预见期内对流域降雨－径流过程具有一定程度的认知，因此，其预报精度一般能满足实际生产需求。但随着预见期的增加，如中长期径流预报，预报精度会逐步降低，甚至难以满足实际生产需求。对于中长期径流预报问题，由于影响因子复杂、预报精度有限，目前仍处于探索、发展阶段[3]，因此，当前继续开展中长期径流预报研究仍然具有重要意义。中长期径流预报有多种方法，但无论是传统水文预报方法如成因分析和水文分析统计方法，还是现代智能预报方法如模糊数学、支持向量机和神经网络等，目前尚未存在一种水文模型适用于所有的水文序列，各方法均存在一定的局限性。传统预报方法往往依据历史信息选择相关因子，采用统计学方法对有限的历史样本进行分析，虽然模型简单、容易实现，但对非线性时间序列的适应性差，预报精度有限。模糊数学方法虽然能够反映工程实际中存在的模糊性问题，但对决策者的主观性依赖较强，不利于推广应用。支持向量机尽管理论上能够保证模型参数为全局最优解，并能解决小样本、高维数、非线性和局部极值问题，但问题规模较大时，容易导致CUP计算负担大大增加，造成参数率定耗时较长，甚至难以有效识别模型参数。作为最为常用的智能预报方法之一，神经网络在中长期径流预报中研究与应用较多，其理论上能够模拟任意复杂的非线性系统，并且一般能够获得较为满意的预报结果。神经网络类型较多，其中前馈神经网络和递归神经网络是最为常用的两类神经网络，但实践中均存在一些缺陷。前馈神经网络，因常采用基于梯度下降的参数率定方法，存在一些缺陷（如过拟合、停止准则选择、计算代数设置等）；递归神经网络因含有时延问题属于动态神经网络，相比前馈神经网络，理论上具有更好的模拟能力，但在涉及模型复杂度和基于梯度法进行参数优选问题上，存在诸如权重更新在分叉点时梯度信息失效、计算量大、可能在有限时间内难以求解等。上述缺陷限制了神经网络在水文预测领域中的进一步广泛应用。实践表明，采用单一标准智能方法开展径流预报研究容易降低模型性能，而耦合其他方法或先进理论改进模型参数率定方法，可以获得更好的预报精度。因此，针对传统智能方法在中长期径流预报中存在的缺陷进行改进，是一种获得具有较高预报精度水文模型的重要途径。

水电站群优化调度是根据各电站的来水过程和已有库容，以目标函数最优为原则，运用计算机技术和优化方法求解水电站群最优调度方案。在水电站群优化调度问题中，发电优化调度相比其他兴利目标（如航运、灌溉、生态保护等）更为复杂，是最具挑战性的一项研究内容。由于我国的大量水电站群以发电作为主要目的，因此，以发电优化调度为目标，研究水电站群优化调度决策的求解方法，对于充分利用水能资源具有重要意义。随着我国水电建设的发展，梯级水电站群逐渐呈现出电站级数多、装机规模大、梯级最上游最下游距离远等新的特点，水电站群间的水力联系及电力联系变得更加复杂，使得开展水电优化调度研究显得尤为重要。然而随着水电站群规模急剧增长，原有面向中小流域电站调度的管理模式在目标函数及优化求解算法方面已经存在一些局限性。因此，需要面向实际生产需求，研究具有实用化的数学模型和高效求解的优化算法。水电站群优化调度问题求解方法主要有线性规划、非线性规划、动态规划、逐步优化算法和智能算法等，但在求解大规模水电站群优化问题时，上述方法均存在一些缺陷，如非线性规划计算耗时长，求解困难；动态规划算法将会遭遇"维数灾"问题；逐步优化算法虽然能够进行有效缓解"维数灾"问题，但对初始解依赖性强，且容易陷入局部最优；智能算法如遗传算法、粒子群算法和差分演化算法等，虽然具有算法简单、易实现的优点，但单一智能算法求解容易陷入局部最优。随着人工智能技术的迅速发展，针对不同智能算法的优缺点，借鉴各算法的优点，构建求解质量更高的混合智能算法，是一种较为有效可行的解决方式。同时，计算机技术的不断进步为并行计算技术的研究与应用提供了重要保障，如何充分利用计算机资源，将并行技术应用于求解水电站群优化调度问题，构建高效的求解策略，成为一个重要的研究方向。此外，对于特大流域梯级水电站群而言，由于梯级最上游、最下游距离较远，受水流滞时影响，最上游出库难以同一天内全部流入最下游，因而在中期调度中同样存在类似短期调度中的滞时问题。如何针对因滞时问题产生的滞时电量影响，开展中期滞时电量影响研究，在中期调度中制定更合理的优化调度方案，对于提升我国的水电中期调度水平，具有重要的现实意义。

1.2 中长期径流预报研究进展

中长期径流过程形成机理极为复杂，且具有极强的非线性特征，如何获得具有较高预报精度的实用化方法一直是国内外研究的热点和难点。中长期径流预报方法大致可分为传统预报方法和近年兴起的现代智能化预报方法。传统预报方法主要由成因分析和水文分析统计两种方法组成。近年来，随着计算机技术和人工智能技术的发展，现代智能化水文预报方法开始逐步应用于中长期径流预报中，这些方法主要有模糊分析、灰色系统分析、人工神经网络、支持向量机和小波分析等。目前，尚未发现在各种应用条件下，均能提供满意预报结果的模型，各方法在应用时均显示出一定的局限性，因此，借助各方法的优点，使各方法彼此间相互耦合，采用组合预测方法开展中长期径流预报研究在实际研究中也是一种有效可行的预报方式。

1.2.1 传统预报方法

1. 成因分析法

成因分析法主要倾向于形成径流的物理过程中水文要素的描述与分析。针对中长期径流过程而言，其影响因子主要有大气环流、太阳活动、下垫面因素（如人类活动和植被变化等）及其他天文地球物理因素（如火山喷发等）。分析径流成因一直是水文学研究的一个重要方向。章淹[4]从中期预报角度论述了国内关于致洪暴雨特点与大气气候特征及大气环流特点等因素之间关系的研究进展。李鸿雁等[5]对径流过程与大气环流指数进行敏感度分析，然后评价出影响径流过程的关键性大气环流因子，并将该方法应用于评价嫩江流域长期径流过程变化情况。刘春蓁等[6]探讨了气候变化与人类活动对径流变化的影响，并建议从改进水文模型和利用 GIS 平台等方面针对气候-水文耦合模型开展水文循环变化研究。张剑明等[7]基于气象观测资料、再分析资料和国家气候中心提供的百项气候系统指数集，利用气候事件机理诊断和气候统计等方法，重点从降水背景、大尺度环流异常及外强迫因子对气候异常影响，分析2015年湖南罕见冬汛及其成因机制，结果表明：①2015 年 11 月湖南省平均降水量偏多 1.6 倍，出现气象洪涝；②大气环流异常是导致湖南发生冬汛的最直接的原因；③厄尔尼诺事件可能是湖南降水异常的重要外强迫条件。郑炎辉和陈晓宏等[8]基于珠江流域内 43 个常规气象站点1960—2012 年的逐日降水资料，计算了流域内各站点长期降水集中度（LCI）和逐年降水集中度（ACI），对降水集中度的影响因子进行重要度分析，结果表明：①珠江流域逐年降水集中度（ACI）的年际变化不明显，东南部呈上升趋势，西北部呈下降趋势；②珠江流域西北部长期降水分布较平均；东南部长期降水较集中，该地区降水极值情况发生的概率相对较高，该空间分布趋势可能是受距离海洋的远近及海拔的影响；③众多气候影响因子中，东亚夏季季风（EASMI）对珠江流域的降水集中度影响最明显。

2. 水文分析统计法

水文分析统计法是根据大量历史数据，利用数理统计方法分析水文要素（如径流）在历史变化中存在的规律，然后依据这些规律可开展径流预报。根据预报因子类别不同，水文分析统计法可分为单要素预报法和多因子综合预报法。以径流预报为例，单要素预报法主要是分析径流序列自身的变化规律，以此预报未来可能的取值，这类方法主要有历史演变法、周期均值叠加法和平稳时间序列等；多因子综合预报法即是基于径流由多种影响因子相互作用形成，分析径流与多种因子之间的相互关系，统计相关规律并以此可开展预报工作，这类方法主要有多元线性回归分析和多维时间序列等。Box 和 Jenkins[9]于 1970 年提出了时间序列 ARMA 模型，此后该方法逐步被应用于中长期径流预报[10]。李崇浩、纪昌明等[11]提出了最终余波概念且用 AR(k) 自回归模型对余波信息进行分析，然后以三峡明渠截流水文预报为例，验证了改进的周期叠加预报模型。马柱国[12]对黄河径流的年代际变化规律及与气候变化的关系进行了分析，表明黄河流域的径流存在显著的年代际变化趋势，且主要受气候控制，同时受流域地表干化和气温升高影响。许士国等[13]在多元线性回归分析的基础上，建立了基于物理成因概念的洮儿河镇西站年最大洪峰流量和峰现时间预报模型，应用效果较好。张晓晓等[14]以洮河流域把口水文站红旗站 1960—2010 年的径流序列为基础数据，采用 Mann-Kendall 方法分析了 1960—2010 年洮河流域年径流的变化趋势，并通过相关分析、统计规律分析、降水—径流双累积曲线法研究了气候变化、太阳黑子活动、ENSO 循环和下垫面要素对洮河径流变化的影响。

1.2.2　现代智能化预报方法

1. 模糊数学分析

在水文水资源领域，存在着大量的模糊性问题，如来水偏丰和偏枯以及汛期和非汛期等。这些模糊性问题能够很好地描述人的经验，但应用传统的精确性方法难以解决这些问题。针对上述现象，陈守煜等[15-17]于 20 世纪 80 年代将模糊数学应用到水文水资源领域，并于 1997 年提出了考虑预报因子权重的中长期水文预报综合分析理论模式与方法[18]，逐渐形成了一个新的具有物理概念清晰和数学推理严谨的体系，该方法体系[19]主要包括模糊模式识别法、模糊聚类分析法、模糊推理模式法和模糊综合评判法等。对模糊数学方法在径流预报中应用的研究较多。Hundecha 等[20]在日降雨-径流预报模型中，利用模糊规则描述径流形成过程中的融雪、蒸发、径流及流域响应 4 个阶段，并将该模糊规则嵌套于 HBV 模型，然后以德国 Neckar 河流域为应用实例进行了研究，结果表明该方法简捷易用且效果较好。Chen 和 Fu[21]基于模糊模式识别建立了一种地下水变化快速评估方法，并将该方法应用于大连地下水污染评价中。王振宇等[22]基于模糊聚类方法，提出了雨季段中长期径流预报模型，并以丰潭水电站雨季段径流预报结果证实了该方法能够获得令人满意的结果。

2. 灰色系统理论

灰色系统理论由邓聚龙教授于 1982 年创立[23]，该理论的研究对象是部分信息已知、部分未知的信息不完全系统，通过对系统描述与分析，研究信息不充分条件下系统建模、预测、决策、评估和控制等问题[24]。对于水文预报问题来说，可将径流形成过程看作一个含有灰信息和灰元素的多因素影响的灰色系统[25]。李正最[25]提出了长期径流预报的灰色关联决策模型，并以水电站月入流预报实例表明该方法应用效果较好。蓝永超[26]将灰色关联分析法应用于黄河上游融雪预报中，龙羊峡水库入流实例预报表明预报结果满足规范要求。夏军和叶守泽[24]在因果序列的灰色关联模式预测和全因果序列的灰色关联模式预测等方面，概述了灰色系统理论在洪水径流预报中的应用。袁喆等[27]在灰色微分动态模型中引入自记忆函数，构建了灰色微分动态自记忆模型，并以滦河流域径流过程的模拟和预测为实例对该模型进行了验证，结果表明，所提模型模拟精度高、结构简单、计算方便，具有一定的适用性。

3. 人工神经网络

人工神经网络（Artificial Neural Networks，ANN）是一个像人类大脑网络一样，具有一定性能特征的大型并行分布式信息处理系统[28]。尽管 ANN 由 McCulloch 和 Pitts 于 1943 年提出[29]，但从 1982 年以后才得到大规模应用研究[30]。ANN 主要包括前馈神经网络、递归神经网络和自组织映射聚类神经网络三类[31]。其中前馈神经网络根据网络结构和训练方法的不同，又大致可划分为 4 种方法：反向传播法（Back-propagation）、共轭梯度法、径向基函数法和级联相关法。递归神经网络主要分为 3 种[32]：全局反馈递归网络（如 Hopfield 网络）、前向递归网络（如 Elman 网络）和混合型递归网络。针对不同的 ANN 模型，经过发展产生了大量的参数率定方法，如反向传播型神经网络参数率方法从经典的深度搜索梯度下降法逐步发展至 Levenberg-Marquardt 算法[33]、进化算法[34]、极端学习机算法[35]等。从 20 世纪 90 年代开始，国内外研究将 ANN 应用于径流预报中。Kang 等[36]将 ANN 和 ARMA 模型应用于韩国 Pyung Chang 河流域的以日和小时为时段的径流预测，并测试了不同的三层 ANN 网络结构，证实了 ANN 是一种有效的径流预报方法。胡铁松等[37]在分类和识别问题、预测预报问题、优化计算问题等方面，对 ANN 在水文水资源中的应用现状做了较全面的评价。Markus 等[38]将 BP 前馈神经网络应用于南科罗拉多州 Rio Grande 流域 Del Norte 水文站的月径流预报，同时分别考虑融雪水、融雪水和温度两种输入模式，并将所得结果与周期转换函数法所得结果进行比较，表明 ANN 和周期转换函数法都能获得较好的预报结果，且进一步表明考虑温度作为输入条件时能够改进模型的预报精度。Coulibaly 等[39]提出了一种交叉验证避免多层前馈神经网络参数率定过拟合的方法，并以加拿大魁北克省两座水库的日入流预报对所提方法进行了验证。Sudheer 等[40]采用相关分析法（自相关、偏自相关和交叉相关分析），确定 ANN 降雨-径流模型输入向量，并证实该方法能够获得较好的预报精度，同时极大地提高了模型参数率定效率。屈亚玲、周建中等[41]提出了改进的采用局部回归的 Elman 神经网络，并将该方法应用于风滩水库的径流预报中，通过与回归分析和 BP 神经网络比较，表明了所提方法的有效性与优越性。Cheng 等[42]将动态样条插值与多层自适应时延神经网络相结合，提出了直接多步预测模型，并以太阳黑子时间序列和漫湾水库的月径流预报为例，验证了方法的可行性与有效性。Lee 等[43]以中国台湾两个流域的 42 场暴雨分析了 ANN 模拟暴雨的能力，首先将暴雨数据分为"普通"和"非普通"两类，结果分析表明 ANN 模拟"普通"暴雨时模型性能较好，但在模拟"非普通"暴雨时由于不能从暴雨数据中提取一致性的水文特征，致使模型性能较差。赵铜铁钢等[44]针对神经网络在径流预报中的输入变量（预报因子）选择问题，基于互信息的概念探讨了如何选择径流预报输入变量，并结合三峡工程建成前长江干流宜昌水文站的日径流预报进行了研究。结果表明，基于互信息能够有效地判断待选预报因子（输入变量）与预报变量之间的相互关系，以帮助选择神经网络预报模型的输入变量，从而提高径流预报的精度。陈璐等[45]针对偏互信息计算方法的缺陷，引入 Copula 熵的概念，推导 Copula 熵与互信息的关系，提出采用 Copula 熵计算偏互信息；并借助模拟试验检验了所提方法的合理性；最后，将该方法应用到三峡水库的水文预报中，结果表明，所提方法不仅具有理论基础，而且结果合理可信。Bomers 等[46]通过在实测年最大流量数据集中加入重构历史洪水事件降低洪水频率的不确定性，研究表明，人工神经网络训练一维/二维耦合水利模型是能够高精度重构具有多支流和内陆洪水，能够正确地复制水力模型特性，因洪水发生在 200 年前，即使潜在的输入数据具有不确定性，洪峰模拟仍具有较高精度，与早期不利用水力模型的预测相比，预测置信区间降低幅度可达 43%。万新宇等[47]针对传统的静态神经网络难以描述异常复杂且动态变化流域洪水形成过程，而具有反馈连接的动态神经网络能够很好地反映洪水过程动态变化特征，研究了基于 Elman 动态网络构建流域洪水预报模型，采用具有在线学习功能的实时递归学习算法进行模型训练，并将所建模型和算法运用于淮河水系响洪甸水库的入库洪水实时预报中，结果表明，所建模型预报精度高、实时性强，能够为流域的防洪决策提供支持。Li 等[48]针对建立具备自动识别多变量时间序列变化并识别其影响程度的自适应数据驱动径流预测模型比较困难问题，提出了基于互信息和主成分分析的 Elman 神经网络自适应径流预测模型，首先利用互信息筛选因子特征，然后将其输入 Elman 神经网络模型进行训练，在较少特征下，Elman 神经网络模型参数可以减少，并且过拟合问题可以避免，再利用锦屏电站的年平均径流数据验证了该模型，结果表明预测效果较好。

4. 支持向量机

支持向量机（Support Vector Machine，SVM）是由 Vapnik 基于统计学习理论，以结构化风险理论最小为原则，提出的一种新的学习方法[49]。SVM 模型参数率定相当于求解一个凸二次规划问题，能够保证模型参数为全局最优解，可以从理论上提高模型的泛化能力，能够解决小样本、高维数、非线性和局部极值问题。Liong 和 Sivapragasm[50]将 SVM 应用于以日时段、预见期为 7 天洪水水位预报，通过与 ANN 预报结果相比，表明在特定情况下 SVM 能比 ANN 取得更好的预报精度。Bray 和 Han[51]研究发现由于问题规模和特征未知，不允许穷举法搜索确定最优的模型结构和参数，并且一些参数比较敏感导致 CUP 计算负担大大增加，因而造成参数率定耗时较长，难以有效识别 SVM 模型参数；在此基础上，进一步研究了不同模型结构、核函数（线性、多样式、径向基和 sigmoid 函数）、比例系数、模型参数（C 和 ε）和输入向量之间的关系，为以后更有效地识别模型参数提供了有益借鉴。林剑艺和程春田[52]在 SVM 建模过程中引入了径向基核函数，简化了非线性问题的求解过程，并应用 SCE - UA 算法辨识支持向量机的参数；在 SCE - UA 搜索过程中进行了指数变换，以快速准确地找到最优参数；以漫湾水电站中长期径流预报为应用实例，表明 SVM 能比 ANN 提供更高的预报精度。李彦彬、黄强等[53]利用 SVM 建立河川径流中长期预测模型，以黄河上游兰州站径流预报为实例，并将 SVM 结果与径向基神经网络和 BP 神经网络结果进行对比，表明 SVM 预测精度更高、效果更好。郭俊、周建中等[54]提出了一种改进的 SVM 模型，并以三峡水库日入库流量预报为实例，表明所提模型预报精度明显优于 BP 网络，尤其对于变化剧烈的径流序列模型优越性更为明显，是一种可靠有效的方法。于国荣和夏自强[55]以重构相空间理论为基础，探讨了混沌时间序列的 SVM 预测模型建模的思路、特点及关键参数的选取；利用饱和关联维数法进行相空间重构，并运用改进小数据量法计算最大 Lyapunov 指数，对宜昌站月径流时间序列进行混沌特性识别。在应用中，引入了径向基核函数，简化了非线性问题的求解过程，实例表明，该模型能较好地处理复杂的水文序列，具有较高的泛化能力和很好的预测精度。崔东文和金波[56]针对回归支持向量机（SVR）惩罚因子 C 和核函数参数 g 的选取对模型性能有着关键性影响以及在实际应用中存在参数选取等困难，提出基于启发式算法的 PSO - SVR 和 GA - SVR 年径流预测模型；首先，利用 SPSS 软件选取年径流影响因子，确定输入向量；其次，基于粒子群算法（PSO）、遗传算法（GA）基本原理，采用 PSO、GA 优化 SVR 惩罚因子 C 和核函数参数 g，构建 PSO - SVR 和 GA - SVR 多元变量年径流预测模型，并构建基于网格划分（GS）与交叉验证（CV）算法相结合的 GS - SVR 模型作为对比模型；最后，利用所构建的模型对实例进行预测分析；结果表明：PSO 和 GA 能有效对 SVR 惩罚因子 C 和核函数参数 g 进行优化，PSO - SVR 和 GA - SVR 模型具有预测精度高、泛化能力强以及稳健性能好等特点，相对而言，PSO - SVR 模型性能略优于 GA - SVR 模型。

　　5. 小波分析

　　小波分析是 20 世纪 80 年代由 Fourier 变换衍生而来，因具有在时域和频域方面良好的多分辨率和局部化特征识别能力，而成为一种较强的数学分析方法。在时间序列分析中，小波分析已经成为分析序列变化、周期和趋势的有效方法[57]。小波函数的计算优势是能够伸缩和平移构成函数系，可以处理时间序列中的局部特征[58]。王文圣等[59]系统地论述了小波分析在水文多时间尺度分析、水文时间序列变化特点、水文预报和水文模拟 4 个方面的应用研究，并对未来的研究趋势和发展方向做出了展望。刘俊萍等[60]采用 Morlet 小波函数，分别对黄河上、中、下游河川径流序列进行小波分析，揭示了黄河上、中、下游河川径流变化多时间尺度的复杂结构，分析了不同时间尺度下的径流序列变化周期和丰枯突变点；通过小波方差检验，得出黄河上、中、下游径流变化第一主周期均为22年，经径流变化趋势分析，预测黄河上、中、下游大约在2003—2012年均将处于偏丰期，结果表明上、中、下游河川径流变化具有同步性。李辉等[61]以预报水文站和上游站的日径流序列为基础，采用小波分解和重构获得预报站和上游站日径流序列的概貌分量，然后以原始径流序列和各尺度概貌分量作为候选预报因子，构建径流逐步回归多步预报模型，以黄河上游头道拐站日径流预报为实例，表明所提模型的预报精度高于多元自回归模型和小波网络模型。李致家等[62]分别构建了紧凑型和松散型两种小波变换与神经网络耦合方式，以西江高要站洪水预报为例，将两种耦合模型结果与BP神经网络模型结果比较，表明两种耦合模型均能够有效提高预报精度，其中松散型耦合预报效果更优。Maheswaran和Khosa[63]探讨了在水文预测中如何选择合适的母小波以及分解水平，应用实例表明，Haar小波具有较好的局部性特征，在短期预报精度改进方面比较明显，而Db_2和样条小波在长期预测方面表现较好。王素慧等[64]为研究三江源径流演变规律，用小波分析方法对三江源唐乃亥、直门达、香达站52年（1956—2007）径流时间序列变化进行了多尺度周期性分析；每个站都有各自的径流丰枯变化周期，三个站作为组成三江源的整体又有共同的周期变化特性；从小波变换时频分布图中得到各站的丰平枯周期变化，经小波方差图对主要周期的检验，发现共同周期与近似周期，研究还表明，三个站径流表现出了一致的变化趋势，即2007年以后一段时间内径流还将处于偏丰期，一般持续到2009年，2010—2014年径流将处于偏枯阶段。

6. 其他方法

除以上理论方法外，还有多种方法（如混沌理论[65]、投影寻踪[66]、集合预报[67]和相空间理论[68]等）也被逐步应用于中长期径流预报中，如权先璋等[69]将混沌理论应用于河流径流预测中；金菊良等[70]提出了简便、适应性强的投影寻踪门限回归（PPTR）模型；赵永龙等[71]将混沌重建相空间理论与小波网络模型相结合，提出了相空间小波神经网络模型，以水文中长期预测为实例验证了该模型能够有效揭示水文动力系统复杂的非线性结构；包红军和赵琳娜[72]建立基于集合预报的淮河具有行蓄洪区流域洪水预报及早期预警模型；以淮河流域为试验流域，以TIGGE集合预报的CMC、ECMWF、UKMO、NCEP驱动构建的水文与水力学相结合的具有行蓄洪区流域洪水预报模型以达延长洪水预报的预见期，新安江模型用于降雨径流计算、一维水动力学模型用于河道洪水演算，实现洪水预报及早期预警，结果表明，基于TIGGE集合预报驱动的洪水预报预见期延长了 $72\sim120$h，证明了 TIGGE 集合预报可以应用于洪水预报及早期预警。金君良等[73]以福建金溪池潭水库流域为例，采用 TIGGE 数据中心的 ECMWF、UKMO、NCEP 等 7 种模式控制预报产品驱动新安江模型，开展径流集合预报；通过集合挑选、多模式集成前处理以及基于 BMA 模型的后处理等过程，探讨不同处理方案和初始集合质量对气象水文耦合径流预报精度及不确定性的影响，结果表明，不同的处理方案均能有效提高径流预报的精度和稳定性，前处理和后处理过程是提高气象水文耦合径流预报准确性和可靠性必不可少的环节。在此处简单提及的几个方法中，集合预报技术因为可以系统化地研究大气-水文-水力形成的串联系统，吸引了大量的水文预报工作者参与研究，现已逐步发展成为水文预报的一个重要分支，也是未来水文预报研究的重要发展方向之一。

7. 组合预测方法

由于径流形成过程具有确定性同时兼有随机性的特点，其形成机制极为复杂。根据目前的技术发展水平，简单应用单一方法难以完美解决径流预报问题，如神经网络在面对极为复杂的径流序列时，预报精度依然有限[43]。目前，国内外针对此问题，除对方法本身进行改进外，多采取两种及以上的方法耦合，使方法间彼此借鉴，克服缺陷，共同达到提高预报精度的目的。比如利用小波分析较好的时-频多分辨率功能，经过对数据序列分析，识别有效成分提取局部信息，以此作为预处理方法，可以降低数据序列的复杂程度，因此，多见小波神经网络[74]、小波支持向量机[75]、小波回归[76]等耦合模型；又比如，数据复杂时，采用分类方法也可以降低数据序列的复杂程度，因此亦可见模糊聚类等分类方法被用于数据预处理，此类方法多见于模糊聚类神经网络[77]、模糊聚类神经网络[78]等耦合方法；此外，在径流形成过程中，存在一些模糊性问题，若采用模糊规则等模糊数学方法与其他模型（集总式或分布式）结合[79]，则可使模型不仅具有明的物理意义，而且也可以提高模型的预报精度。总体而言，在目前单一预报技术尚未取得突破性进展的情况下，采用多方法耦合的策略，是一种非常有效且可行的解决方法。

1.3 水电站群调度方法研究进展

水电站群优化调度问题具有非线性、多约束、高维数等特点，是水资源应用领域最具有挑战性的研究课题，并一直成为研究的热点。针对水电站群优化调度问题，国外研究起始于 20 世纪 50 年代初期[80]，至 80 年代初步形成了较为完善的数学理论求解方法[81]；国内研究起步较晚，大致起始于 20 世纪 70、80 年代[82]，并随着国内新建水电站群的大规模投入运行，研究及应用水平得到迅速提高。90 年代以后，随着计算机技术的提高及人工智能技术的发展，人工智能算法被逐步应用于水电站群优化调度中。水电站群优化调度方法众多，总体而言，根据求解方式的不同，大致可分为包括线性规划和非线性规划等方法的常规优化调度方法和包括遗传算法和粒子群等算法的启发式智能优化调度方法。

1.3.1 常规优化调度方法

1.3.1.1 线性规划

线性规划方法（Linear Programming，LP）不需要设置初始可行解，能够有效求解大规模优化调度问题并收敛于全局最优解，并具有可开展敏感性分析的对偶理论，是数学规划中最简单、研究应用最广的一种优化调度方法。例如 Windsor[83]提出递归线性规划用于求解水库群防洪优化调度问题，Becker 和 Yeh[84]将 LP 与动态规划方法（DP）相结合用于求解实时水库优化调度问题。由于水电站群优化调度中存在大量的非线性问题如水位-库容曲线和水头-耗水率曲线等，因此，应用 LP 求解时需将非线性优化问题处理成线性优化问题。伍宏中[85]将目标函数和约束条件的非线性问题进行线性化处理，并采用 LP 求解水电站群径流补偿调节问题；吴杰康等[86]针对水电站群优化调度中存在的非线性问题，进行了线性化处理，提出了连续线性规划算法求解梯级水电站优化调度问题，并在算法求解中采用了迭代步长的动态比例缩减因子，保证了算法能够快速收敛至全局最优解。若求解问题极为复杂，有可能使最优解偏离实际问题，不能满足实际需求。为此，可采用 LP 与其他方法如动态规划（DP）相结合，先应用 LP 获得近似最优解，然后以此为基础，采用其他优化方法进一步优化以获得最优解。

1.3.1.2 非线性规划

水电站群优化调度目标函数和约束条件中存在着明显的非线性问题，采用非线性规划方法（Nonlinear Programming，NLP）能够较好地处理这些问题。NLP 主要包括连续线性规划（SLP）、广义既约梯度法（GRG）和连续二次规划（SQP）等。SLP 将非线性问题转化为线性问题，通过不断迭代直到收敛至最优解。Hiew[87]以 7 座水电站群为应用实例，表明相比于 GRG 和 SQP，SLP 是最为有效的方法。Barros 等[88]

应用 SLP 求解巴西水电系统优化问题，同样证实了 SLP 在求解精度和计算效率方面具有非常好的性能。然而直观上，SLP 虽能够有效求解线性规划问题，但也存在不能保证算法收敛等问题[89]。SQP 利用拉格朗日函数将问题转化然后利用二次规划（QP）迭代计算进行求解，能够保证收敛至最优解。为避免大规模 QP 求解耗时较长的问题，Arnold 等[90]依据计算时间和时段的线性增长关系，提出了针对 QP 问题的高效水电站群优化调度求解方法。GRG 和 SQP 相比增加了惩罚项，可以将有约束非线性优化问题转化为容易求解的无约束非线性优化问题，同时具有较快的收敛速度[77]。与 LP 和 DP 相比，NLP 在水电站群优化调度中应用相对较少，主要原因在于 NLP 计算时占用内存大、耗时长，并且不能够考虑入流的随机性[81]。

1.3.1.3　混合整数规划

混合整数规划（Mixed Integer Programming，MIP）主要处理含有离散和非离散变量的数学规划问题，常用的方法有割平面法和分支定界法等。在水电站群优化调度中，存在离散变量问题，如机组开停机状态和机组运行持续时间等，因此，采用 MIP 比较符合实际优化调度问题。Needham 等[91]将 MIP 应用于求解防洪优化调度问题。贾江涛等[92]针对水库群水电站短期调度问题，在综合考虑非线性水电转换关系、机组最小开关机时间、水流延时、库容及河道容量约束等众多因素的情况下，建立了一种混合整数规划调度模型；引入了最小开关机时间约束，以限制机组频繁启停；对非线性水电转换关系采用分段线性化方法，通过引入辅助整数变量将模型转换为线性混合整数规划问题，对包含 3 个水库 12 台机组的一个模拟系统的测试结果表明，所建模型及相关的线性化方法能灵活处理水库群水电站短期调度中的多种复杂因素。吴宏宇等[93]针对大规模水火电短期优化调度问题，考虑了水电机组的不连续出力区间及其他非线性问题，采用线性化方法处理机组组合问题，建立了考虑安全和排污约束的水火电优化调度模型，利用 MIP 进行模型求解，有效降低了发电成本。葛晓琳等[94]在中长期发电调度计划中，不仅考虑了发电计划和检修计划的时段间隔要求，而且考虑了来水和负荷需求的不确定性，并应用混合 MIP 求解水火电优化调度模型。尽管 MIP 在应用中取得了一些进展，但针对大规模复杂问题，采用 MIP 时容易出现求解困难的情况，并耗时较长，难以广泛应用。

1.3.1.4　网络流规划

网络流规划（Network Flow Programming，NFP）是研究网络最优化问题的一种特殊算法，其本质属于特殊的线性规划或非线性规划。网络流模型由节点和弧线构成，在水电站群调度中，常通过节点表示水电站状态，弧的流表示需要满足的约束条件，以此来描述实际优化调度问题。夏清等[95]于 1987 年提出了新的非线性最小费用网络流算法，并利用该方法求解水电站群短期经济调度问题，提高了计算效率及求解精度。梅亚东和冯尚友[96]于 1989 年将 NFP 应用于求解水电站水库群长期优化调度问题，通过将非线性问题逐次线性化转化为网络流模型，然后利用 NFP 进行求解，实例应用表明该方法占用内存较少且具有较高的求解效率。Lund 和 Ferreira[97]于 1996 年利用动态网络流算法（HEC-PRM）求解密苏里河干流 6 座水库群优化调度问题，采用 90 年的历史资料开展以月为时段的优化计算，目标函数为凸函数，通过分段线性惩罚函数进行求解，结果表明该方法能够获得合理的调度决策。NFP 具有计算速度快、占用内存少等优点，但在求解较为复杂的问题时，容易出现求解困难，使其应用受到一定的限制。

1.3.1.5 动态规划

动态规划（Dynamic Programming，DP）是继 LP 之后水电站群优化调度中应用最广泛的优化方法。DP 将一个多阶段优化问题分解为多个单阶段优化问题进行求解，同时克服了目标函数和约束条件中存在的非线性、非凸和不连续等问题限制，并且可以求解随机优化问题[98]。Young[99]于 1967 年首次将 DP 应用于求解确定性来水情况下的单库优化调度问题。大量实践表明，随着水电站群参与计算数目增多，问题求解规模急剧增大，导致计算机内存占用和计算耗时急剧增加，应用 DP 方法求解将会出现"维数灾"问题。国内外已针对 DP"维数灾"问题，大致分别通过降低离散点数和缩小寻优区间两种方式，提出了一些改进方法，如动态规划逐次逼近（DPSA）、增量动态规划（IDP）、离散微分动态规划（DDDP）和逐步优化算法（POA）等。

DPSA 将多维优化问题分解为只含一个状态变量的多个子问题，在求解时，一次仅优化一个状态变量而其他状态变量保持不变。Yeh 和 Trott[100]将 DPSA 应用于美国中央峡谷工程的水库群调度中。武小悦等[101]将 DPSA 应用于求解七库长期优化调度问题，并考虑径流的时空相关性，使所求水库的最优放水策略是该蓄水量和其他电站总出力的函数，取得了满意的数值结果。Yi 等[102]将 DPSA 应用于求解科罗拉多河流下游水库以小时为时段的水电机组优化调度中，实例表明，其求解精度与 MIP 相当，但计算耗时较少。陈立华和梅亚东等[103]为使得算法具有一定的通用性，分析了水库群长期优化调度模型编制的程序在单库、梯级以及混联水库群中通用的制约因素，提出用水力关联矩阵来描述水库之间的空间位置关系和水力联系，利用 DP 与水力关联矩阵相融合，并将 DPSA 和 POA 应用于雅砻江以及混联梯级长期优化调度中。程春田等[104]以单库调度图为基础，综合形成初始的库群调度图，并以此进行模拟调度，即根据两种调度图对长系列资料逐时段计算，获得两种负荷结果，最终运用库群负荷分配调整两种负荷的偏差，获得调度结果；然后以模拟调度统计的多年平均发电量最大为目标，采用 DPSA 不断修正两种调度图的基本调度线，最终获得满足精度要求的单库调度图和库群调度图，乌江流域梯级水电站群调度图应用实例表明该方法提高了梯级水电站群长期发电效益。

DDDP 与 IDP 相似，其基本思想是在初始解附近给定增量，采用迭代法进行搜索直至收敛。Heidari 等[105]将 DDDP 应用于确定性来水情况下 4 个水库优化调度问题。纪昌明和冯尚友[106]将 DDDP 应用于求解混联式水电站长期优化调度模型。

POA 由 Howson 和 Sancho 于 1975 年提出[107]，通过将多阶段优化问题分解为多个连续的两阶段优化问题进行降维求解，经过不断迭代直至算法收敛。杨侃等[108]研究了 POA 的收敛性问题，指出 POA 算法具有一定的局限性。宗航等[109]针对传统 POA 算法的缺陷，提出了梯级水电站群优化调度的改进 POA 算法。周佳等[110]在分时电价政策的背景下以梯级电站年最大发电收益和可靠出力最大化为目标建立模型，并采用改进 POA 算法求解，雅砻江梯级电站实例应用表明该法计算速度快，收敛效果好。

实践中，根据实际需求和问题特点，多位学者也提出了改进的 DP 求解方法。杨侃[111]在传统 DP 方法的基础上，提出了大型水电站经济运行多重动态规划模型。黄强[112]将模糊 DP 应用于求解水电站水库优化调度。梅亚东[113]建立了含有河道洪水演进方程具有动态规划后效性的梯级水库在洪水期间发电调度的优化模型，提出了多维 DP 近似解法和有后效性的 POA 算法，并以汉江梯级水库洪水期发电调度为实例对两种算法进行了验证。邹进和张勇传[114]针对三峡梯级电站短期优化调度问题，建立了模糊优化调度模型，并利用模糊多目标动态规划算法结合 DPSA 进行模型求解，实例仿真表明，该方法可为决策支持提供依据。赵铜铁钢等[115]依据水库经济效益随供水量增加常呈现"边际效用递减"假设，提出了针对水库调度的搜索域缩减和邻域搜索两种 DP 改进算法，极大提高了计算效率。冯仲恺等[116]在分析 DDDP 算法的基础上，提出了正交试验设计和 DDDP 相结合的正交离散微分动态规划方法（ODD-DP），采用正交试验设计选取具有"均衡分散，整齐可比"性质的部分状态组合，减少了方法所需存储量与计算量，提高了计算的规模和效率，乌江干流梯级水电站群仿真调度结果表明，ODDDP 系统求解效率和计算规模显著提高。纪昌明等[117]针对动态规划算法在水库优化调度中计算规模大和时间长的问题，引入泛函分析思想，构建了时段平均出力的泛函计算模型，并基于此提出了一种改进的动态规划算法，该算法省去了传统动态规划算法中大量重复的计算过程，减小了计算规模，实例结果表明，该算法能在保证全局收敛的基础上减少动态规划计算量，缩短计算时间。冯仲恺等[118]为缓解 DP 维数灾问题，结合均匀试验设计提出均匀动态规划（UDP），U 以 DP 为基础框架，将各阶段不同维度离散状态的组合视为多因素多水平试验，利用均匀设计表从全部状态变量中优选少数极具代表性、在可行域内均匀散布的状态变量进行计算，大幅降低各阶段状态变量集合基数；存储量和运算量显著减少，同时仿真测试结果验证了 UDP 的高效性和实用性。史亚军等[119]针对梯级水库群优化调度中 DDDP 方法全局收敛性差及计算效率低的问题，提出了一种基于灰色系统预测方法的 GDDDP，并以白山-丰满梯级水电站的调度结果表明了 GDDDP 的有效性。

1.3.1.6 拉格朗日松弛法

拉格朗日松弛法（Lagrangian Relaxation，LR）根据对偶理论，针对原问题中难于求解的复杂约束，通过利用拉格朗日乘子将这些复杂约束合并到目标函数中，以构造相对简单易求解的优化问题。经过乘子的不断更新，可以得到原问题的下界。LR 方法简单容易实现，在水电站群优化调度中，常用 LR 方法处理含有复杂约束的优化问题。Maheswari 和 Vijayalakshmi[120]将 LR 方法应用于求解发电量最大模型的水电优化调度中，仿真结果表明，该方法能够获得令人满意的优化结果。在水火电系统优化调度中，由于系统约束比较复杂，难以直接求解，国内外求解此问题的重要方式之一即依据大系统分解协调思想，采用 LR 方法将待求解优化问题分解为多个易求解的子问题，然后针对各子问题分别求解，经过不断协调，最终得到优化解[121-123]。根据对偶理论求解优化问题时，因存在对偶间隙问题，需根据对偶问题的解得到原问题的优化可行解，而且乘子在更新过程中，容易出现振荡现象，因此，需要采用策略加以处理。

1.3.2 启发式智能优化调度方法

1.3.2.1 遗传算法

遗传算法（Genetic Algorithm，GA）是一种模仿生物界的自然选择和遗传进化机制而发展起来的具有随机搜索特点的全局优化算法。GA算法的性能虽然容易受编码规则、参数设置、选择、交叉、变异策略等因素的影响，但是不受优化是否非凸、不连续等约束限制，因此，已被广泛应用于水库群优化调度问题求解，并取得了大量研究成果。马光文和王黎[124]将采用二进制编码的GA算法应用于水电站长期优化调度中，经过DP算法相比较，证实了GA算法的优越性。刘攀等[125]回顾了GA算法在水库调度中的应用情况，对于编码规则、约束条件处理、参数设置等问题进行了综述，并指出GA适用于求解传统方法难以解决和时效性要求不高的优化问题。Reddy和Kumar[126]将GA算法应用于水库多目标优化调度中，且以单库调度为例，表明了所提方法的有效性。Chen和Chang[127]为避免传统GA易陷入局部最优问题，采用基于实数编码的多种群GA算法求解水库群优化调度问题，并获得了满意的调度结果。陈立华等[128]为克服标准GA局部寻优能力差、易早熟等缺陷，提出了超立方体浮点数编码自适应遗传算法和超立方体浮点数编码遗传模拟退火算法，并以雅砻江梯级优化调度作为实例，表明了改进策略的有效性和优越性。杨光等[129]考虑未来径流变化对水库调度的影响，推求相应的水库多目标调度规则；以丹江口水库为例，建立了考虑未来径流变化的多目标优化调度模型；采用非支配排序遗传算法（NSGA-Ⅱ）算法推求多目标调度函数集，结合设计的水库调度图得出兼顾丹江口水库供水和发电的多目标调度规则；结果表明，目前的调度规则不能很好地适应未来径流变化，而考虑未来径流变化的多目标优化调度规则能有效协调供水和发电的矛盾。王学斌等[130]综合考虑水库不同目标间的矛盾性和统一性，构建考虑生态和兴利的水库多目标优化调度模型，提出了一种基于个体约束和群体约束技术的改进快速非劣排序遗传算法（ICGC-NSGA-Ⅱ）以提高模型求解效率；以黄河下游小浪底-西霞院梯级水库为例进行多目标优化调度，综合考虑下游不同时期各生态功能用水和综合利用需求，建立黄河下游梯级水库多目标调度模型，并采用ICGC-NSGA-Ⅱ求解，结果表明，改进算法能在较短时间内获取一组反映多目标间非劣关系的调度方案集，可为制定黄河下游多目标共赢的调度方式提供理论基础和决策依据。王丽萍等[131]针对GA中初始解分布不均以及易早熟等问题，采用均匀设计方法来生成均匀分布的初始解以及自组织映射算法通过高低维空间映射来改变个体基因从而增强局部搜索能力，提出了均匀自组织映射遗传算法，弥补了传统GA中初始解的生成过于随机以及进化过程中易陷入局部解的不足，并将此改进算法在梯级水库的长期优化调度中进行了应用，实例验证了所提方法用于处理梯级水库长期优化调度问题的可行性与合理性。

1.3.2.2 粒子群算法

粒子群算法（Particle Swarm Optimization，PSO）是 Kennedy 和 Eberhart[132]于 1995 年依据鸟类群体飞行、觅食行为提出的一种群体优化算法。PSO 算法参数设置少、寻优方式简单，寻优过程不像 GA 算法需要选择、交叉、变异等操作，而仅需根据粒子历史最优以及当前最优信息，通过粒子间的信息交互，然后调整自身的搜索策略，以此获得全局最优解[133]。由于 PSO 具有收敛速度快、鲁棒性强、易于实现等优点，已被广泛用于求解复杂优化问题，在水电站群优化调度领域也有大量应用。李崇浩等[134]针对标准 PSO 算法后期搜索粒子间容易失去多样性、陷入局部最优的问题，通过引入杂交算子和自适应惯性权重对其进行改进，实例验证表明了改进方法的有效性。Kumar 和 Reddy[135]为增强标准 PSO 算法性能，引入了精英变异策略，并将该方法用于求解水库多目标优化调度问题，实例仿真结果表明，所提方法求解质量优于标准 PSO 算法和 GA 算法。张双虎等[136]将粒子群进化速度与群体平均适应度方差函数表示为递减惯性权值，提出了改进的 PSO 算法（MAPSO），实例计算结果表明，MAPSO 算法收敛速度快、易实现，优于经典的 DP 算法。Yuan 等[137]引入混沌理论，提出了改进的 PSO 算法（EPSO），同时采用启发式规则处理约束问题，四库优化调度实例仿真表明，EPSO 能够获得较好的优化结果。周建中等[138]采用混合蛙跳算法的分组-混合循环优化方式和小生境技术改进 PSO 算法，提出了多目标混合粒子群算法，三峡梯级水电站多目标联合优化调度实例仿真计算表明，所提算法实时性强、收敛性好。万文华等[139]以供水调度图和调水控制线为联合调度规则形式，构建同时考虑跨流域调水和供水的复杂水库群联合优化调度模型，添加考虑供水调度图先验形状特征的形状约束，提出一种借鉴逐步优化算法（POA）思想的逐库优化粒子群算法（PRA - PSO），该算法（PRA - PSO）以基本粒子群算法优化原理为基础，逐步优化单个或两个水库的调度规则，以降低单次优化变量的维数，从而提高其搜索全局最优解的能力；最后以辽宁省某大型跨流域复杂水库群联合调度为例，验证了模型的合理性和算法的有效性。郭旭宁等[140]建立了基于 0 - 1 规划方法的水库群最优化调度模型，统一考虑并最终确定了最优调供水过程；为减少模型单次求解的变量数目，增加算法全局搜索能力，借用逐步优化算法思想，对传统粒子群进行改进，提出了逐步优化粒子群算法（PRA - PSO）对模型进行求解；最后通过中国北方某大型跨流域调水工程的实例研究分析了模型的合理性和有效性。邹强等[141]将量子粒子群算法（QPSO）引入到水库群防洪优化调度问题中，为了提高算法的全局搜索能力和收敛性能，对标准 QPSO 做了改进，包括利用混沌思想初始化种群、自适应激活机制和精英粒子混沌局部搜索策略 3 个方面，并引入多核并行计算技术以降低计算时间，提出了并行混沌量子粒子群算法（PCQPSO），函数测试证明了 PCQPSO 的可行性、稳定性和高效性。将 PCQPSO 应用到水库群防洪优化调度问题中，与POA、QPSO 进行对比分析，结果表明 PCQPSO 收敛效率快、求解精度高，为解决梯级水库群防洪优化调度问题提供了一种有效的新思路。陈悦云和梅亚东等[142]以赣江流域内已建成的大型控制性水库为研究对象，将赣江流域上游至下游用水区概化成 7 个主要用水区域，综合考虑各水库的运用目标、流域主要用水区域水量需求以及河道内生态流量的要求，以水库群总发电量最大、用水区域总缺水量最小和外洲控制站调度后流量与天然流量偏差最小为目标，建立面向发电、供水、生态要求的赣江流域水库群优化调度模型，采用多目标粒子群算法进行求解，得到不同来水频率下发电、供水和生态 3 个目标的非劣解集，并对 3 个目标之间的竞争关系进行了剖析；最后分析了各典型方案相应的水库水位过程和区域缺水情况，结果表明：各来水频率下，发电、供水、生态 3 个目标之间竞争程度有强有弱，其中发电目标与生态目标之间、供水目标与生态目标之间存在较强的竞争性，发电目标与供水目标之间则相对较弱。

1.3.2.3 蚁群算法

蚁群算法（Ant Colony Optimization，ACO）是意大利学者 Dorigo[143]受自然界蚁群觅食行为启发于 1996 年提出的一种群体智能算法。该算法具有鲁棒性强、并行搜索和易于编程实现等优点，已被应用于求解车辆调度等问题，也是求解水电站群优化调度问题的有效方法。徐刚等[144,145]将 ACO 算法用于求解梯级水电站优化调度问题，把问题解定义为蚂蚁路径，通过状态转移、信息素更新和邻域搜索获取最优解，实例应用表明 ACO 求解精度高、收敛速度快，是一种行之有效的求解方法。Kumar 和 Reddy[146]将 ACO 算法用于求解水库多目标优化调度问题，实例仿真表明，在优化调度结果方面，ACO 算法优于 GA 算法。Jalali 等[147]将多种群 ACO 算法用于求解由 10 座水库组成的连续性优化调度问题，并取得了满意的优化结果。谢红胜等[148]考虑成本因素，以效益最大化为目标，建立分时电价梯级水电站短期优化调度模型，同时构造层结构 ACO 算法且引入启发式规则和精英策略求解该模型，实例仿真结果表明了所提模型的合理性以及所提算法的可行性和有效性。黄强等[149]针对水库供水调度的实时性和不确定性，通过分析入库径流超越概率，以缺水率最小为目标函数，建立水库群供水调度模型，并应用基于免疫进化的蚁群算法对模型进行求解，绘制水库群供水调度操作规线；应用模糊数学、信息熵等原理，确定现状水库供水指标 D、未来供水水情指标 S 以及水库供水预警指标和应变措施，建立了水库群供水调度预警系统；实例计算表明，建立的水库供水预警系统能够合理、有效地为调度操作人员提供正确、及时的决策。纪昌明等[150]针对调度函数的编制特点及其存在的优化空间，将蚁群算法应用于水电站调度函数的优化模型中；以金沙江中游梯级水电站群为实例，针对其初始调度函数进行优化，并模拟其长系列径流的发电调度过程；结果表明：经过优化后的调度函数能显著提高水电站水库的运行效益，有效指导水电站水库的实际调度运行，体现模型的实用性。刘玒玒等[151]针对水库群供水优化调度问题，建立改进蚁群算法求解带罚函数的水库群供水优化调度数学模型，重点研究蚁群算法的改进；在对传统蚁群算法研究的基础上，提出一种自适应调整信息素挥发系数、信息量及转移概率的改进蚁群算法，克服传统蚁群算法收敛速度慢且容易陷入局部极值等方面的缺陷，并将其应用于黑河三水库联合供水优化调度中；与传统蚁群算法优化结果比较表明，应用改进蚁群算法的优化调度结果较传统蚁群算法更为合理，该算法有利于提高计算效率、优化质量及改善收敛性能，为解决水库群供水优化调度问题提供了新方法。

1.3.2.4 差分演化算法

差分演化算法（Differential Evolution，DE）是由 Storn 和 Price 于 1995 年提出的一种进化算法[152]。DE 与 GA 算法较为相似，均含有选择、交叉和变异 3 种操作，但区别之处在于 DE 的操作顺序为变异、交叉和选择，同时在具体的操作内容上也有所不同。DE 的实质是一种实数编码具有保优思想的贪婪遗传算法[153]。由于 DE 算法控制参数少、收敛速度快、鲁棒性强、易于实现且适合于并行计算，已被广泛应用于水电站群优化调度中。黄强等[154]将模拟技术与差分演化算法相结合，提出了基于模拟差分演化算法制定梯级水库优化调度图的方法，并通过实际算例验证了该方法的合理性、可靠性。覃晖等[155]提出了自适应柯西变异多目标 DE 算法，同时采用了差分算子修正策略，提高了 DE 算法的收敛速度和求解精度，并以三峡水电站多目标防洪优化调度为例，验证了方法的可行性。郑慧涛等[156]将混合蛙跳算法和小生境技术与 DE 相结合，提出了双层交互混合差分进化算法（DISDE），经过与标准 DE 算法和 DPSA 比较，实例应用表明了 DISDE 算法的有效性和优越性。
Jothiprakash 和 Arunkumar[157] 提出了混沌差分演化算法（CDE）并用于
单库优化调度，经过与标准 DE 算法和 GA 算法相比，表明了 CDE 算法
的优越性。王学敏等[158] 基于逐月频率计算法并结合长江流域相关生态
要素，制定了宜昌站适宜生态流量，作为生态效益评价标准；然后针对
长江中下游主要生态问题和三峡梯级枢纽具体工程实际，结合生态效益
评价标准构建了梯级枢纽生态友好型多目标发电优化调度模型；为有效
求解多目标优化问题，提出一种包含外部种群的双种群多目标差分进化
算法，并设计了精英选择和混沌迁移机制实现两个种群间的信息交换，
提高了算法的多目标优化性能；三峡梯级枢纽实例应用研究表明，该算
法能在较短计算时间内获得多个符合生态效益评价标准、分布均匀、收
敛性较好的非劣调度方案，为制定合理的调度方案提供了科学的决策依
据。Yazdi 和 Moridi[159] 提出了多目标优化模型用以确定梯级水电综合利
用水库系统的设计参数，考虑到单库尤其是多库系统的约束和决策变量
的数量以及目标函数和约束的非凸形式，并针对该问题，提出了多目标
进化算法（MOEA）也就是非支配排序差分演化算法（NSDE）并降低
了计算量；并以 Karkheh 河梯级电站为例，考虑生态、灌溉、发电等需
求，给出了梯级电站设计参数的优化结果。

1.3.2.5　其他智能方法

除上述启发式智能优化调度方法以外，还有其他智能优化算法（如
ANN、模拟退火、模糊优化、混沌优化、文化算法等）被应用于水电站
群优化调度中。Liang 和 Hsu[160] 将 ANN 应用于水库短期优化调度中，
对数据进行分类，将负荷和入流作为模型输入，建立前馈神经网络模
型，实例仿真表明，ANN 计算速度快，同时在输出结果方面接近于微
分动态规划。Teegavrapu 和 Simonovic[161] 引入启发式规则以增强模拟退
火算法的寻优能力，实例计算结果表明，所提算法优于混合整数非线性
规划。邹进和李承军[162] 针对梯级电站调度中存在的大量模糊信息（如
入库流量、负荷需求等），研究了三峡梯级调度的模糊求解方法。Cheng
等[163] 将混沌优化方法与 GA 相结合用于水电站单库优化调度问题，并
取得了满意的结果。左幸等[164] 将免疫算法用于梯级水电站短期优化调
度中，仿真结果合理、实际可行。吴杰康和孔繁镍[165] 将文化算法求解
梯级水电站长期优化调度问题，仿真计算中与其他方法相比表明，文化
算法求解质量好，收敛速度快。Mehta 和 Jain[166] 将模糊规则与自适应模
糊推理结合应用于求解水库多目标优化调度问题，取得了较好的效果。
刘卫林等[167] 将遗传算法中的进化思想和蚁群算法中的群体智能技术有

效地耦合，提出了一种基于两者的混合智能算法，应用于供水水库群系统的优化调度研究中；算法利用蚁群算法的并行性、正反馈性以及良好的全局寻优能力，避免搜索陷入局部最优，同时借鉴遗传算法的进化思想，利用杂交、变异算子来进行局部寻优，使其能快速搜索到全局最优点；在种群随机搜索过程中嵌入确定性的模式搜索，使得算法同时具有随机性和确定性；结合模拟退火思想，构造了罚因子处理约束条件，使该算法对水库优化调度问题以及其他优化问题具有一定的通用性；通过实例验证，并与大系统聚合分解经典算法进行比较，结果表明该算法是可行的和有效的。邹强等[168]以差分进化算法（DE）为基本框架，结合混沌算法（CA）和蛙跳算法（SLFA）各自局部搜索优势以及多核并行计算技术（PC），提出一种新的并行混合差分进化算法（PHDE），即将 DE 与 CA、SLFA 进行有机融合，分别对精英个体进行混沌局部搜索和对较差个体进行蛙跳局部更新，且差分进化运算、混沌局部搜索和蛙跳局部更新均采用 PC，以有效缩短计算时间；PHDE 具有三点优势：一是保留了 DE 简单易行、收敛迅速的特点；二是继承了 CA、SLFA 的遍历性，能够避免早熟收敛现象；三是通过合理的并行模式，有效降低了计算时间；典型测试函数表明了 PHDE 的可行性、高效性和鲁棒性；实例研究表明，PHDE 具有较好的优化性能和计算效率，为高效求解水库群优化调度问题提供了一种可行途径。

1.4　并行计算在水文水资源领域中的应用

随着计算机软硬件水平的不断提高，并行计算技术取得重大进展，并被引入水文水资源领域。并行计算是指将复杂计算任务分解为多个子任务，然后同时使用多个计算资源计算各子任务，是提高计算效率的有效方式。受计算机配置水平限制，早期并行计算是通过集成多处理器的并行计算系统或者多台计算机组成的网络集群来实现的。通用的并行编程模型较多，其中应用较为广泛的主要有 PVM（Parallel Virtural Machine）和 MPI（Message Passing Interface）两种。Cheng 等[169]基于 PVM 并行计算技术，利用并行遗传算法（PGA）率定新安江模型参数，与串行计算相比，PGA提高了参数率定效率并获得较优的参数率定结果。余欣等[170]基于 MPI 采用曙光 4000A 系统的 8 个 CPU 开展黄河下游二维水沙数学模型并行计算，极大地提高了计算速度。

随着计算机硬件技术的迅猛发展，计算机硬件技术在 21 世纪初开始进入了多核时代。多核电脑的普及为开展多核并行计算的研究提供了重要硬件支撑。目前，在水文水资源领域采用的并行计算框架主要包括 MPI、OpenMP 和 Fork/Join 3 种。

MPI 属于进程级并行计算模式，不仅支持多主机并行计算，而且支持单机多核/多 CPU 并行计算。MPI 在并行规模方面具有较好的可伸缩性，且支持多种语言，兼容性好，因此具有较好的可移植性，但也存在并行效率低、内存开销大、编程麻烦等缺陷。陈立华等[171]提出了粗粒度并行遗传算法，并将该方法应用于雅砻江梯级优化调度中，减少了计算耗时和提高了算法收敛性能。李想等[172]基于 MPI 采用主从模式对 DP 进行并行化，并以四库优化调度为例表明，该方法能有效缩短计算时间，加速比随着核数增加而提升，并行效率减少趋势缓慢。郑慧涛等[173]针对大规模水电站群短期优化调度问题，首先将目标电站分成若干独立的计算单元，采用 DPSA 和 POA 与并行计算技术结合进行求解，并证实了方法的有效性。刘方和张粒子[174]为提高流域梯级水电的库容和电力补偿效益，建立了水电精细化调度模型，基于大系统分解协调思想将流域梯级水电系统分解为多个子系统，并进行逐区调度和协调优化，从寻优空间降维的角度改善"维数灾"问题，并分析优化调度动态规划方法的并行特征，搭建 Matlab 多核集群并行计算平台进行并行计算，以乌江干流"4 库 7 梯级"水电系统为例进行仿真，结果表明：应用大系统分解协调方法计算精度较高，降维效果明显，多核集群并行计算显著提高计算效率，具有较高的实用价值。

OpenMP（Open Multi‐Processing）属于共享内存的线程级并行计算模式，具有较高的可移植性和可扩展性，且编程简单容易实现。张忠波等[175]采用多处理器基于 OpenMP 模式实现并行动态规划算法，并将该算法和改进遗传算法应用于以三峡为实例的水库调度中，提高了求解效率。OpenMP 因采用共享内存的并行计算模式而不适宜采用多主机并行计算，因此，为解决大规模复杂问题的并行计算，可采用 MPI＋OpenMP 混合编程方式实现[176]。

Fork/Join（FJ）是一种基于 Java 语言编码实现，采用"分治策略"的并行计算框架。FJ 并行框架具有标准化的程序接口，由于各子任务独立进行计算，避免了并行时繁杂的线程同步、数据通信和死锁等问题。FJ 并行框架具有较好的跨平台性，便于直接应用，调用时仅需设置如何划分子任务和合并处理结果集。程春田等[177,178]结合 FJ 框架提出了细粒度并行 DDDP 算法（PDDDP），并以澜沧江梯级中下游梯级电站为例，在多核环境下，验证了 PDDDP 简便易行，能够大幅度提高计算效率。

廖胜利等[179]利用 FJ 框架提出了多核并行粒子群算法（MPPSO），乌江流域梯级电站实例应用表明，MPPSO 相比传统 PSO，能够大幅缩短计算时间，提高求解质量。王森等[180]为解决随机动态规划（SDP）求解水电站群长期发电优化调度时容易产生的"维数灾"问题，提出了基于 FJ 框架的多核并行随机动态规划（PSDP），澜沧江下游梯级电站实例应用表明，PSDP 能够有效缓解"维数灾"问题，计算耗时在 2 核和 4 核环境下分别减少了 50% 和 70%。彭安邦等[181]基于 FJ 框架采用多核并行 PSO 算法求解跨流域条件下的水库群联合调度图模型，提高了计算效率和求解精度。

总体而言，目前并行计算技术在水文水资源领域尤其是水电站群调度领域仍处于起步阶段，大多针对传统优化方法和智能算法开展并行计算研究。随着广大学者研究的不断深入以及计算机软硬件技术的不断发展，并行计算研究与应用必将进入一个新的发展阶段。

1.5　面临的关键技术问题

随着我国经济实力的增强、水能利用技术的提高以及新建水电站的不断投入运行，我国水电系统的规模越来越大，形成了梯级水电站群级数多、单站和单机装机规模大和水头高等特点，使得水电站群的预报和调度工作面临着非常复杂的问题：如中长短期径流预报精度问题、高水头多震动区问题、多电网调峰问题、梯级电站调度补偿问题以及效率求解问题等[182]。本书主要针对以下 3 个问题进行研究。

1.5.1　水电站水库中长期径流预报精度亟待提高

径流的形成过程是一个复杂的非线性动力系统，不仅受到降雨、气温和下垫面等自然因素影响，还受到人类活动甚至是大气环流和天文因素的影响。在预报技术方面，目前对于短期径流预报来说，无论是概念性降雨-径流模型、黑箱模型，还是基于物理机制的分布式水文模型，其预报结果一般都能达到较高的预报精度[183]，能够满足实用化需求；对于中长期径流预报来说，其预报精度还有待于提高[3]，下面仅分别作简要表述。

中期径流预报结果（对于水电站主要指日径流预报），除受模型参数率定精度影响外，其预报精度一般主要还受以下因素影响：预报时段内降雨发生时刻、强度和历时，流域中的降雨地点分布以及模型输入信息的精度。以日径流预报为例，若降雨地点分布相同，降雨时间分别发生在 1 天内的前几个小时和后几个小时，考虑到汇流时间问题，对当日水库入流的影响可能差别较大；若降雨发生时刻相同，降雨地点分别发生在水库附近和距离水库较远处，同样考虑到汇流时间问题，对当日水库入流的影响也可能差别较大，但这些精确的降雨预报信息在实际生产中难以直接获得；模型输入信息精度主要涉及未来几日的降雨和蒸发等预报信息，但实际中这些预报数值尤其是降雨定量预报精度有限，容易导致日径流预报精度降低。随着经济发展以及人们对水力资源开发利用活动的增强，目前在我国南方水库流域内建成了众多的小水电站，若考虑到小水电站群追求发电效益最大化，其生产活动势必对流域内的径流过程形成严重干扰，破坏径流天然形成机制，尤其是降雨即将开始或降雨即将结束时发生的蓄泄行为，容易致使这种影响较为明显，导致传统的水文模型预报精度较低，难以为生产实践提供可靠的径流信息参考。近年来，人工智能技术被应用于中期径流预报，并取得了一定的成果，该技术不考虑降雨-径流过程内在的物理机制，只采用数学函数映射输入与输出之间存在的内在联系，在一定程度上降低了水文模型建立难度，但应用单一人工智能技术容易降低模型性能，如单一应用神经网络参数率定容易导致局部最优等问题，致使模型预报精度降低，因此，改进模型参数率定方法是一种有效可行的解决途径。

长期径流预报，因预见期较长和影响因子众多，难以利用实测资料或通过其他预测信息开展细致的径流预报机理研究。长期径流预报的影响因子较为复杂，根据目前的认知水平，除常用的时间序列分析一般采用前期径流作为影响因子以外，还涉及大气环流、海温异常、太阳活动规律等因素，甚至气候变化与下垫面变化也可能对长期径流过程产生重要影响。目前，长期径流预报的精度非常有限，而在生产实践中，为便于应用，常采用水文统计分析法进行预测，但其预测精度仍然有待于提高。同样人工智能技术如神经网络也被应用于长期径流预报中，虽已有较多实例应用研究，但仍面临与中期径流预报类似的精度问题，目前，除采用先进的参数率定算法以外，将多种方法相互耦合进行预报也是解决这一问题的有效方式。

1.5.2 大规模梯级水电站群优化调度可建模及求解效率

新建电站的不断投入运行，使得我国梯级电站群的规模更加庞大。根据水电开发规划，在我国西南地区水电基地及黄河上游水电基地将建成一批大型和巨型水电站群，如黄河上游规划 39 级电站（其中龙羊峡以上 14 级、龙羊峡至青铜峡段 25 级）；雅砻江干流规划 21 级电站（其中上游 10 级、中游 6 级和下游 5 级）；金沙江主要规划 20 级电站（其中上游川藏段 8 级、中游 8 级和下游 4 级），澜沧江干流规划 20 级电站（其中西藏段 6 级、云南段 14 级）。大规模水电站群优化调度问题具有多约束、非线性、高维数、非凸等特点，但如此规模庞大的梯级水电站群，将导致梯级电站间的水力和电力联系更加复杂，计算量也将随着电站级数增加迅速增长，造成一些传统优化方法求解困难[184]，如线性规划方法求解水电站群优化调度问题时，需将非线性优化调度问题转化为线性问题，可能导致优化结果严重偏离实际工程问题；经典的动态规划算法随着电站级数增加，将会遭遇"维数灾"问题，而其改进方法虽然能够缓解"维数灾"问题，但也存在一些问题，如逐步优化算法虽在一定程度上能够进行有效求解，但对初始解依赖性强，且容易陷入局部最优。随着人工智能技术的兴起，智能算法如遗传算法和粒子群算法等逐步被应用于求解水电站群优化调度问题，但单一智能算法在求解大规模梯级水电站群优化调度问题时，容易早熟陷入局部最优解。针对不同智能算法的优缺点，借鉴各算法的优点，构建求解质量更高的混合智能算法，是一种较为有效可行的解决方式。

采用混合智能算法虽能够有效求解大规模梯级水电群优化调度问题，但其求解精度与种群规模有重要关系。一般而言，种群规模增大，能够提高求解质量，但容易降低求解效率，致使计算时间较长。随着计算机技术的发展、并行计算技术的出现，为解决这一问题提供了新的途径。多核并行计算技术作为并行计算技术中的一种，具有成本低、易实现、运行稳定等优点，已被应用于求解工程实际问题。针对大规模梯级水电站群优化调度计算问题，研究基于多核并行技术的混合智能算法求解策略，是解决当前工程实际求解难题、兼顾优化计算结果与求解效率的一种有效可行的计算方法。

1.5.3　远距离、长滞时入流对梯级电站中期优化调度影响评价

我国水能资源主要蕴藏于西南地区，如澜沧江干流水电基地以及西北地区的黄河上游干流水电基地。这些河流的最大特点之一是在水能富集区河流长度长达数千公里，如黄河上游水能丰富河段长达 2211km、金沙江长达 2316km、雅砻江干流长达 1571km，在我国境内雅鲁藏布江长达 2057km、澜沧江干流长达 2153km 和怒江干流长达 2013km。与以往中小流域水电站群优化调度问题不同，这些大江大河上的水电站群在逐步投产以后，由于河水流速有限而梯级上下游距离较远，上游出库难以在同一天内全部流入最下游水库，此现象必将导致在中期调度中同样

存在类似短期调度中的滞时问题。目前，在我国的水电中期优化调度实践中，常忽略中期滞时问题，并以确定性入流方式制定水电中期优化调度方案，即在同一时段（天）内，假定梯级最上游出库能够全部流至最下游出库，根据调度目标对梯级上下游遵循水量平衡等约束进行调度。然而由于存在滞时问题，梯级最上游水量难以在同一时段（天）内达到最下游水库，这样势必对中期调度方案的精度造成影响，而如何评价因滞时问题产生的滞时电量影响，目前在国内外研究及工程实践中，尚未得到报道。因此，开展中期滞时电量影响研究，对于提升我国的水电中期调度水平，具有重要的现实意义。

1.6 本书主要研究思路与内容

本书以我国南方的水电站群为工程背景，从径流预报和调度两个方面，针对当前我国水电群中长期径流预报和调度中面临的关键技术问题进行了深入研究。在径流预报方面，主要采用研究与应用范围较广的神经网络模型，分别将静态和动态两种不同类型的神经网络耦合其他理论构建中长期径流预报模型。在调度方面，研究了混合差分演化算法在长期调度中的求解，并结合并行框架将其并行化计算；同时针对梯级电站最上游与最下游距离远、流达时间长的问题，提出了考虑滞时电量的中期水电调度模型，并给出了求解方法。在此基础上，结合当前计算机技术发展现状，设计并开发了水电站群中长期水文预报及调度系统。主要内容如下。

第 1 章——绪论。

介绍了当前我国水电建设快速发展的背景、本书选题及研究意义，阐述了水电站群中长期径流和调度中面临的关键技术问题，深入论述了国内外水电站群中长期径流预报和调度研究现状以及并行计算技术在水文水资源领域中的应用。明确了全书的主要研究内容及各章节间的关系。

第 2 章——基于极端学习机算法的小波神经网络月径流预报模型。

神经网络因具有复杂的映射能力，在中长期径流预报中已显示出较好的模型性能。作为静态神经网络，前馈神经网络模型的研究与应用范围较广，其模拟能力除与模型本身的结构特点有关外，还与模型参数率定算法有关。梯度下降法是前馈神经网络模型传统的参数率定方法，但其存在训练耗时长和易陷入局部最优等缺陷。极端学习机作为新的单隐层前馈神经网络算法，具有学习速度快、泛化性能好的优点。同时小波分析因具有较好的时频分析能力，能够有效识别径流序列中隐含的周期变化、趋势等特征，已被广泛用于耦合径流预报模型。为使得模型具有较快的训练速度，并拥有较高的预报精度，本章充分利用小波分析与极端学习机算法的优点，提出了基于极端学习机算法的小波神经网络月径流预报模型。以漫湾和洪家渡两座电站的月径流预报为例，经过与其他预报模型对比，验证了所提模型的有效性与可行性。

第 3 章——基于贝叶斯回声状态网络的日径流预报模型。

前馈神经网络模型虽然在径流预报中已取得较好的预报效果，但其作为静态神经网络在模拟具有复杂、动态和非线性特征的降雨-径流形成过程时，在理论方面仍然具有不足之处，此时，采用递归神经网络即动态神经网络能够更好地解决这一问题，但递归神经网络学习算法耗时长、计算量大，直接应用还有一定的限制。回声状态网络作为一种新型的递归神经网络，因具备模型简单、参数训练速度快等特点而相对传统递归神经网络模型拥有一定的优越性，并且已被应用于径流预报中。本章结合贝叶斯理论，针对回声状态网络常采用线性回归获得模型参数存在的缺陷问题，提出了日径流预报贝叶斯回声状态网络模型。以安砂和新丰江两座电站的日径流预报为例，经过与其他模型对比，表明所提模型具有更好的预报精度。

第 4 章——梯级水电站群长期优化调度并行混合差分演化算法。

随着人工智能算法被逐步应用于水电站群优化调度中，作为智能算法的典型代表之一，差分演化算法也得到了广泛研究。差分演化算法具备控制参数少、鲁棒性强等优点，但在求解大规模复杂水电站群优化调度问题时，容易陷入局部最优问题。由于在标准差分演化算法种群进化过程中，种群规模大小、初始种群生成策略、缩放因子和交叉因子选择以及进化个体选择操作对算法寻优结果影响较大，容易陷入局部最优，因而选取合理的种群规模和初始种群生成方法、合适的缩放因子和交叉因子以及进化个体选择策略是保证算法收敛性能的必要条件。本章结合混沌理论具有随机性和遍历性强等优点以及模拟退火算法局部搜索能力强的特点，提出了改进的混合差分演化算法，同时结合现有的并行框架，对混合差分演化算法进行并行化计算。以红水河流域梯级水电站群长期优化调度为应用实例，表明所提混合算法具有较好的寻优能力，而所提出的并行混合算法不仅能大幅度提高求解效率，而且提高了求解质量。

第 5 章——考虑滞时电量的水电系统中期期末蓄能最大模型及求解方法。

在水能资源富集的西南地区大江大河以及黄河上游干流，河段长度长达数千公里。由于梯级最上游出库难以在同一天内全部流入最下游水库，此现象必将导致在中期调度中存在类似短期调度中的滞时问题。目前，在我国的水电中期优化调度实践中，常忽略中期滞时问题。合理评价中期滞时电量影响，对于提升我国的水电中期调度水平，具有重要的现实意义。本章为评价水电系统中期调度滞时电量的影响，建立了考虑滞时电量的水电系统期末蓄能最大模型，并采用两阶段乘子更新的拉格朗日松弛法求解模型。澜沧江中下游实例应用表明，中期滞时电量对计算结果有一定影响，中期调度需充分考虑调度结果的后效性。

第 6 章——中长期水文预报及调度系统设计与实现。

针对水电站群中长期水文预报和调度实际生产需求，设计并开发了基于 B/S 架构模式的水电站群中长期水文预报和优化调度系统。围绕系统开发环境、功能和架构设计、数据接口和数据库表设计等多方面设计系统，同时实现人机交互，并且能够根据实际需求进行功能扩展。综合运用 Applet、JSP、AJAX、HTML 等多种开发技术，阐述了系统设计及实现方式，并以福建电网水电站群中长期水文预报及调度系统为例，展示了功能完善、计算高效、界面友好、操作简单的系统相关功能界面。

第 7 章——结论与展望。

对本书内容进行总结，指出当前研究工作的不足之处，并对下一步需开展的研究工作进行展望。

第2章　基于极端学习机算法的小波神经网络月径流预报模型

2.1　引言

月径流预报是合理利用水资源、实现水电站群长期优化调度的前提，其变化情势受各种因素（如降雨、人类活动等）的影响。由于月径流过程形成机理极为复杂，且具有极强的非线性特征，如何获得更高预报精度的实用化模型一直是国内外研究的热点和难点。近年来，在水文预报中应用了多种技术，其中理论驱动模型和数据驱动模型为两大基本方法[185]。作为数据驱动模型之一，人工神经网络具有较强的非线性映射能力，能够从历史径流数据中学习隐含的系统规律且无须显式表述，并能提供较好的预报精度，因而在水文预报领域得到了广泛应用[186, 187]。在这些应用中，常使用基于梯度下降法的三层（即单隐层）前馈神经网络。与传统方法和其他人工智能方法相比，单隐层前馈神经网络能够获得令人满意的预报结果[188, 189]。但是传统的梯度下降法还存在一些缺陷，如过拟合，易陷入局部最优、训练耗时较长及参数训练停止准则问题。尽管在增强单隐层前馈神经网络的模型性能方面已采用了一些方法（如数据预处理），同时具有以耗时更少和预测精度更高的特点在模型训练和构建方面取得了一些进展，但是，针对单隐层前馈神经网络，如何在较短时间内获得具有较高预报精度的模型参数，仍然是一个亟待解决的问题。

极端学习机（Extreme Learning Machine，ELM)[35]是由 Huang 等提出的一种新型单隐层前馈神经网络算法，其输入权重和隐层节点阈值随机设置，而输出权重通过计算隐层输出矩阵 Moore-Penrose 的广义逆获得。与传统基于梯度下降的训练方法相比，该算法具有良好的泛化性能和较快的学习速度，可以较好地应用于非线性问题求解。此外，ELM 优于 Levenberg-Marquardt（LM）算法，而 LM 算法优于常用的 BP 算法。基于以上优点，ELM 已被广泛应用于图像识别、数据分类以及时间序列预测等；在水文预报领域，ELM 也开始逐步得到应用。

自 20 世纪 80 年代开始，小波分析逐步成为一种能够分析时间序列中隐含的变化、周期及趋势的有效方法。小波函数的主要优势之一是通过压缩和平移参数能够处理时间序列数据的局部特征[58]。近年来，在水文领域，常基于小波分析建立混合模型以提高预测精度。在这些混合模型中，小波神经网络应用较多，同时为提高模型预测精度，采用了不同的参数率定方法。小波变换与前馈神经网络的耦合方式主要有紧致型和松散型两种，其中松散耦合型精度预报精度较高[62]。针对松散耦合型小波神经网络模型参数率定，常采用基于梯度下降寻优策略的 BP 算法[190, 191]。作为 BP 算法的改进，LM 算法也逐渐被用于训练小波神经网络模型[192, 193]。同时，为增强网络的映射能力并避免陷入局部最优，并行遗传算法也被用于率定小波神经网络的模型参数[194]。在一定程度上，小波神经网络模型的建模效率和预测精度与参数率定方法有密切关系。因此，需要采用一种具有学习速度快和泛化性能好的方法进行模型参数率定。目前在水文预测领域，尚未有训练小波神经网络时不需要迭代计算的方法见诸于报道。显然，在月径流预报中，极端学习机尚未被用于小波神经网络模型参数率定。

　　针对上述问题，本章建立基于 ELM 的小波神经网络月径流预报模型（WNN‑ELM），即首先采用小波分析对月径流序列进行预处理，然后将数据归一化并输入神经网络模型，利用 ELM 训练以获得模型参数。为便于评价 WNN‑ELM 模型性能，采用基于极端学习机的单隐层前馈神经网络模型（SLFNs‑ELM）作为对比；由于支持向量机（SVM）在水文预测中，常能获得比前馈神经网络（基于 BP 算法和 LM 算法）更好的预测精度，因此，同样采用支持向量机作为对比分析模型。分别以漫湾和洪家渡电站的月径流序列为例对模型进行验证，结果表明，WNN‑ELM 模型预测精度优势明显，而 SLFNs‑ELM 与 SVM 相比在峰值预测精度方面略优。

2.2　前馈神经网络及其传统梯度下降算法存在的问题

　　神经网络模型大致可分为三类模型，即前馈神经网络、递归神经网络和混合型神经网络。本小节仅对应用比较广泛的前馈神经网络作简要介绍，并指出其传统算法存在的缺陷，递归神经网络相关内容简述可见 3.2 节。

　　前馈神经网络的主要特征是从输入层至输出层，节点分布于各层上；网络结构可以有多个隐含层，而且每层可以有多个节点；信息处理是从输入层至输出层方向，并且同一层的节点仅与下一层节点相连接，而同层内的节点无连接关系；某一层上的单个节点输出仅依赖于前一层的输出及其相应权重。图 2.1 为简单的三层前馈神经网络结构图。

　　前馈神经网络模型的性能不仅与网络结构有关，还与模型参数率定有关，为使模型输出 $Y = (y_1, y_2, \cdots, y_n)$ 尽可能接近于目标值 $T = (t_1, t_2, \cdots, t_n)$，模

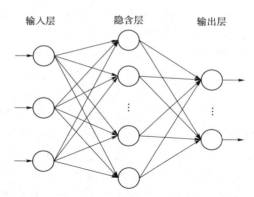

输入层　　　　隐含层　　　　输出层

图 2.1　三层前馈神经网络结构图

型参数率定就要获得最优的权重矩阵 W 和阈值向量 V，使得模型训练的误差函数目标达到最小[31]，如式（2.1）所示：

$$E = \sum_N \sum_n (y_i - t_i)^2 \tag{2.1}$$

式中　　n——模型输出节点数；

　　　　N——样本数目。

模型参数率定方法分为有监督学习和无监督学习两种。有监督学习需要教师指导参数率定过程，该方法需要大量的数据作为基础，针对每个节点不断迭代调整和优化权重及阈值，通过期望输出等于或接近于实测值，获取模型最优参数，达到目标函数误差最小化。相比之下，无监督学习不需要教师参与学习过程，仅提供输入数据，模型权重可以自适应地根据相似特性将输入模式分成相应类别。在水文领域神经网络模型应用中，大多采用有监督学习的参数率定方法。

前馈神经网络经过不断的发展与应用，产生了多种模型参数方法，主要有Back - Propagation（BP）、共轭梯度法、Levenberg - Marquardt（LM）算法，甚至智能优化算法[34]也被应用于模型率定，其中 BP 及其改进算法即 LM 算法是最为常用的两种参数率定方法。这里仅简要介绍 BP 算法。

BP 算法的本质是基于梯度下降法使得网络误差函数最小化。训练数据的每一个输入模式在网络中是从输入层流至输出层，然后将网络输出与期望输出进行对比，并通过式（2.1）计算误差，接着利用误差通过反向传播至网络的每一个节点，按式（2.2）对网络权重进行相应调整：

$$\Delta w_{ij}(n) = -\varepsilon \frac{\partial E}{\partial w_{ij}} + \alpha \Delta w_{ij}(n-1) \tag{2.2}$$

式中　　$\Delta w_{ij}(n)$、$\Delta w_{ij}(n-1)$——第 n 和 $n-1$ 代计算时，节点 i 和 j 之间的权
　　　　　　　　　　　　　　重增量；

　　　　　　ε、α——学习率和动量项。

　　阈值调整方法与式（2.2）相似。式（2.2）中，动量项可以加速训练过程，走出误差平坦区域，防止权重出现震荡现象；学习率用来增加训练过程避免陷入局部最优解的概率。BP 算法分为两步：第一步是前向计算，利用网络输入计算至输出层，并计算网络误差函数；第二步，在网络内开始反向计算，将输出层的误差反向传播至输入层，并根据式（2.2）对网络权重进行调整。BP 算法是基于最速下降法的一阶优化方法，按照负梯度方向进行搜索。参数率定时，为达到网络误差函数最小目标，常按之字形路径进行搜索，使得网络训练容易陷入局部最优，且耗时较长。

　　采用梯度下降算法进行参数率定的前馈神经网络模型虽然在径流预测领域应用比较广泛，并获得了较好的预报结果，但依然存在一些问题[39, 195]。

　　（1）前馈神经网络虽然在理论上能够模拟任意复杂的系统，但由于月径流过程影响因素和形成机理极为复杂，采用单一前馈神经网络模型进行预测时，其预测精度仍然有限。目前，较为有效的方式是采用其他有效措施（如数据分类、小波分析等）降低数据样本的复杂程度，以此提高前馈神经网络的预测能力。

　　（2）模型参数率定是影响模型预测性能的另一核心问题，传统基于梯度下降的参数率定方法（如 BP 算法等）虽然应用较多，并取得了一定的效果，但仍然存在一些缺陷如过拟合、停止准则选择、计算代数设置等。为避免这些缺陷，虽然也有学者采取一些措施（如交叉验证）避免过拟合问题，但仍然存在耗时长等其他缺陷。

2.3　基于极端学习机算法的小波神经网络月径流预报模型

2.3.1　极端学习机算法

　　ELM 算法是 Huang 为了解决传统基于梯度下降学习算法存在的缺陷问题，经过严格证明而提出的一种单隐层前馈神经网络学习算法[32]。ELM 算法的基本思想是假定隐层的激活函数若无限可微，输入权重和隐层阈值即可以随机设置，一旦确定输入权重和隐层阈值，单隐层前馈神经网络即可视为一个线性系统，这样输出权重就可通过隐层输出权重矩阵的广义逆的形式分析确定。与传统的梯度下降法（如 BP 和 LM 算法）相比，ELM 算法不需要逐步调整网络参数，可以避免许多问题，如过拟合、停止准则选择、计算代数设置等，

此外，ELM 算法还具有较好的泛化能力。

对于 N 个任意不同的样本 $(\boldsymbol{x}_i, \boldsymbol{t}_i)$，$\boldsymbol{x}_i = [x_{i1}, x_{i2}, \cdots, x_{in}]^\mathrm{T} \in R^n$，$\boldsymbol{t}_i = [t_{i1}, t_{i2}, \cdots, t_{im}]^\mathrm{T} \in R^m$，具有 L 个隐层结点，$g(x)$ 为激活函数的单隐层前馈神经网络可以描述为

$$\sum_{i=1}^{L} \boldsymbol{\beta}_i g_i(\boldsymbol{x}_j) = \sum_{i=1}^{L} \boldsymbol{\beta}_i g(\boldsymbol{w}_i \cdot \boldsymbol{x}_j + b_i) = \boldsymbol{t}_j，j = 1, \cdots, N \tag{2.3}$$

式中　　w_i——连结第 i 个隐层结点的输入权向量，$\boldsymbol{w}_i = [w_{i1}, w_{i2}, \cdots, w_{in}]^\mathrm{T}$；

　　　　$\boldsymbol{\beta}_i$——连结第 i 个隐层结点的输出权向量，$\boldsymbol{\beta}_i = [\beta_{i1}, \beta_{i2}, \cdots, \beta_{im}]^\mathrm{T}$；

　　　　b_i——第 i 个隐层结点的阈值；

$\boldsymbol{w}_i \cdot \boldsymbol{x}_j$——$\boldsymbol{w}_i$ 和 $\boldsymbol{x}_j$ 的内积。

上述 N 个方程的矩阵形式可写为

$$\boldsymbol{H}\boldsymbol{\beta} = \boldsymbol{T} \tag{2.4}$$

其中：

$$\boldsymbol{H}(w_1, \cdots, w_L, b_1, \cdots, b_L, \boldsymbol{x}_1, \cdots, \boldsymbol{x}_N) = \begin{bmatrix} g(\boldsymbol{w}_1 \cdot \boldsymbol{x}_1 + b_1) & \cdots & g(\boldsymbol{w}_L \cdot \boldsymbol{x}_1 + b_L) \\ \vdots & \ddots & \vdots \\ g(\boldsymbol{w}_1 \cdot \boldsymbol{x}_N + b_1) & \cdots & g(\boldsymbol{w}_L \cdot \boldsymbol{x}_N + b_L) \end{bmatrix}_{N \times L}$$

$$\tag{2.5}$$

$$\boldsymbol{\beta} = \begin{bmatrix} \boldsymbol{\beta}_1^\mathrm{T} \\ \vdots \\ \boldsymbol{\beta}_L^\mathrm{T} \end{bmatrix}_{L \times m}， \qquad \boldsymbol{T} = \begin{bmatrix} \boldsymbol{t}_1^\mathrm{T} \\ \vdots \\ \boldsymbol{t}_N^\mathrm{T} \end{bmatrix}_{N \times m} \tag{2.6}$$

则输出权向量可以通过线性回归方法确定，表示如下：

$$\hat{\boldsymbol{\beta}} = \boldsymbol{H}^+ \boldsymbol{T} \tag{2.7}$$

式中　　$\boldsymbol{H}^+$——隐层输出矩阵，$\boldsymbol{H}$ 依据 Moore - Penrose 广义逆理论获得。

ELM 网络权值的求解方法主要分为以下三步：

（1）随机产生输入权向量 w_i 和隐层结点的阈值 b_i；

（2）计算网络隐层输出矩阵 $\boldsymbol{H}$；

（3）计算输出权向量 $\boldsymbol{\beta}$：$\boldsymbol{\beta} = \boldsymbol{H}^+ \boldsymbol{T}$。

2.3.2　小波变换及小波函数选择

2.3.2.1　小波变换算法选择

小波分析因具有在时域方面的多分辨率和局部化显示能力，在光谱分析方面成为一个强有力的数学工具，并已被广泛应用于时间序列分析和预测问题。不同分辨率下的小波分解能揭示实测时间序列中的低频和高频成分，并可以及时局部化显示这些特征。根据实际应用需求不同，已经产生了一些小波分析方法，如连续小波变换主要应用于医学图像和地震波信号处理，以给定信号和小波函数积分的形式，计算小波变换。平方可积的连续时间信号 $f(t)$ 的小波变换系数，可通过线性积分定义为

$$W_\psi f(a,b) = |a|^{-1/2} \int_R f(t) \overline{\psi}\left(\frac{t-b}{a}\right) \mathrm{d}t \tag{2.8}$$

式中　　a——伸缩（尺度）系数；

　　　　b——平移（时间）系数；

　　　　R——实数；

　　$\overline{\psi}(t)$—— $\psi(t)$ 的复共轭函数；

　　$\psi(t)$——小波函数或母小波，具有震荡特性并且可以迅速减少到零。

$\psi(t)$ 具有两种特性：

（1）函数 $\psi(t)$ 积分为 0，即

$$\int_{-\infty}^{+\infty} \psi(t) \mathrm{d}t = 0 \tag{2.9a}$$

（2）函数 $\psi(t)$ 是平方可积的，即

$$\int_{-\infty}^{+\infty} |\psi(t)|^2 \mathrm{d}t < +\infty \tag{2.9b}$$

通过小波变换可以发现信号和小波函数的相关性。不同的尺度系数 a，在时间系数 b，可以用于处理小波变换。小波分解由计算信号和小波函数的"相似性指标"组成，如果相似性比较强，指标值就大，反之则小[196]。

给定信号的连续小波变换的缺陷之一是以小波系数的大量冗余信息为特征的。因为小波系数间具有相关性，这些冗余信息是小波核本身固有的，并不是被分析信号的特征。连续小波变换也需要耗费大量的计算时间，相比之下，离散小波变换简单易行。对于水文领域来说，常应用离散小波变换主要归因于得到的水文过程常为离散序列，而连续过程难以得到。经典的离散小波变换可以

用二进制形式表示：

$$\psi_{j,k}(t) = 2^{j/2}\psi(2^j t - k) \tag{2.10}$$

式中　　j、k——平移和伸缩系数。

　　由于经典的离散小波变换，在每次转移到更大的分辨率水平时，采样操作使得小波系数的数目减半，结果导致仅可得到较少的信息，该方法虽然可以用于数据和图像压缩，但因其具有时变特性而不利于开展水文预报工作。针对该问题，多位学者提出应用à trous小波变换进行解决，该算法不含有大量冗余信息，所有的小波分解系数与原时间序列长度相同，同时拥有位移不变特性，因此，非常适用于时间序列分析、回归及预测问题。à trous 小波变换是在相同空间尺度应用非标准正交小波基计算近似和细节信号。Shensa[197]给出了à trous算法的数学推导过程，并对该方法进行了验证，且指出à trous算法事实上是一种能够准确进行离散小波变换的非正交多分辨率算法。à trous小波变换的基本思想是弥补使用从原时间序列获得冗余信息造成的缺陷，并为增强预测精度提供重要基础，同时有助于全面理解实测数据中隐含的过程特性。由于à trous变换在执行过程中，小波分解数目不随分辨率水平的变化而变化，因此相对经典二进制算法需要较大的存储需求和较多的计算量。

　　à trous小波变换简述如下：

　　首先，将 $x(t)$［或 $c_0(t)$］定义为原时间序列，$x(t)$ 不同尺度下的平移可以通过式（2.11）获得：

$$c_i(t) = \sum_{l=-\infty}^{+\infty} h(l)c_{j-1}(t + 2^{i-1}l) \tag{2.11}$$

式中　　i——分辨率水平，$1 \leqslant i \leqslant P$；

　　　　P——最大分辨率水平；

　　$h(l)$——紧支撑离散低通道滤波，如三次样条函数（1/16，1/4，3/8，1/4，1/16）；

　　$c_i(t)$——分辨率水平 i 上的尺度系数。

　　其次，为获得 $x(t)$ 在分辨率 i 的细节部分，可通过式（2.12）计算两个连续分辨率间的差异：

$$d_i(t) = c_{i-1}(t) - c_i(t) \tag{2.12}$$

　　相应地，原有时间序列也可以通过式（2.13）进行重构：

$$x(t) = c_p + \sum_{i=1}^{p} d_i(t) \tag{2.13}$$

针对水文预测问题，应用小波分析必须处理边界问题。Maheswaran 和 Khosa[63]对此进行了详细分析。在一般小波分析应用中，有多种边界处理方法，如周期法、反射边界法和常量延长法，但在预测问题中，这些边界处理方法的延长方式无法应用。依据式（2.11），若采用三次 B 样条小波函数，在每一时段计算 $c_1(n)$ 时，需要未来的状态值 $x(n+1)$ 和 $x(n+2)$。类似的，计算 $c_2(n)$，需要未来的状态值 $x(n+1)$、$x(n+2)$、$\cdots$、$x(n+6)$。总之，计算 $c_i(n)$ 将需要 $x(t)$ 的值，$t=n+1,n+2,\cdots,n+(2^{i+1}-2)$，但这些涉及未来的实际值不可能得到。可替代方法是计算小波系数时不使用未来值而仅使用已过去时间的值。尽管已有冗余 Haar 小波变换和预测校正法用于数据边界处理，但这些方法计算量大、耗时长，不便于直接应用。Luan[198]提出了平移三次 B 样条法，对于任意时间 t_i，计算小波系数 $[d_1(t),d_2(t),\cdots,d_p(t),c_p(t)]$ 仅使用时间 $t\leqslant t_i$ 的实测值，简化了边界问题处理方式，本章采用此方法进行小波系数计算。

2.3.2.2　小波函数选择

不同问题需要不同的小波函数，因此，选择合适的小波函数是针对水文预测问题开展小波分析的重要前提。在水文预测中，一般有 Haar 小波、Daubechies 小波、B -样条小波和 Sym 小波等几种常用的小波函数，部分小波的滤波器见表 2.1，具体可参考文献 [63]。

表 2.1　　　　　　　　不同小波的滤波器

小波	滤波器
Haar	[0.707　0.707]
Db_2	[0.482　0.836　0.224　0.129]
Db_3	[0.332　0.806　0.459　0.135　0.085　0.0352]
Db_4	[0.230　0.715　0.631　0.028　0.187　0.031　0.033　0.011]
Sym_4	[0.076　0.030　0.498　0.804　0.298　0.099　0.013　0.032]
三次 B 样条	[0.0625　0.25　0.375　0.25　0.0625]

2.3.3　基于极端学习机算法的小波神经网络模型

月径流过程形成机理极为复杂，难以利用表达式明确地描述其物理过程。由于神经网络具有较强的非线性映射能力，能够从历史径流数据中学习隐含的系统规律且无须显式表述，因此，月径流预报模型可抽象描述为

$$Y = f(X) \tag{2.14}$$

式中　　X——不同流量和其他信息组成的输入向量；

　　　　Y——流量组成的输出向量。

若无降雨等其他资料信息时，对于单值输出，月径流预报模型可用式（2.15）表示：

$$Q_t = f(Q_{t-1}, Q_{t-2}, \cdots, Q_{t-n}) \tag{2.15}$$

式中　　Q_t、n——t 时刻流量以及时段数。

应用神经网络模型时，输入向量 X 和输出向量 Y 必须进行归一化，本书根据式（2.16）进行处理：

$$X_{norm} = \frac{X_i - X_{min}}{X_{max} - X_{min}} \tag{2.16}$$

式中　　X_{norm}——归一化之后的数据；

　　　　X_i——实际数据；

　　　X_{max}——实际数据的最大值；

　　　X_{min}——实际数据的最小值。

小波神经网络即是借鉴小波分析与神经网络模型各自的优点进行耦合，能够增强模型的映射能力，提高预报精度，其模型结构大致可分为紧致耦合型和松散耦合型两种耦合类型。紧致耦合型即是利用小波函数替代神经网络隐层节点的激活函数；而松散耦合型则常采用离散小波变换对数据序列进行分解并以此作为模型输入，如图 2.2 所示。小波神经网络的模型耦合类型对模型性能具有一定影响，根据已有文献研究，松散耦合型结构的模型预测精度较好[62]。

模型参数率定方法优劣对模型性能具有重大影响，因此，需要选择合适的参数率定方法。鉴于传统梯度下降算法存在的缺陷以及极端学习机算法收敛速度快和泛化性能好的优点，本书选择极端学习机算法进行参数率定。

综上，本章提出的基于 ELM 算法的小波神经网络月径流预报模型（WNN-ELM），从模型结构及参数率定角度考虑，主要由三部分构成：

（1）在对水文资料进行审查分析的基础上，采用 à trous 小波变换对月径流序列数据进行分解，而对于最大分辨率水平选择，一般采用 lgN 进行计算（N 为数据序列长度）。

（2）选择合适的模型输入模式：由于模型输入在一定程度上反映了输入与

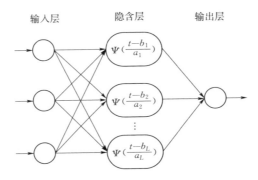

（a）紧致耦合型小波神经网络

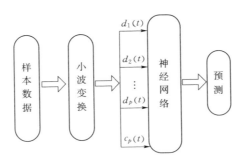

（b）松散耦合型小波神经网络

图 2.2　两种常用的小波神经网络模型

输出之间的物理联系，因此，对模型性能影响较大。选择模型输入同时也要考虑模型本身的特点及限制因素，如待率定的模型参数个数对数据的要求等。在满足上述要求后，将归一化处理后的各分辨率小波分解系数输入至三层前馈神经网络模型中。

（3）针对不同的输入模式和模型结构，采用 ELM 算法针对模型进行参数率定，然后根据预测结果选择合适的模型参数。由于尚缺乏能够直接确定神经网络模型结构的方法，具体而言，WNN-ELM 模型的最优隐层节点数仍然需要采取试错法确定。根据 ELM 算法成立的基本假定，选择能够无限可微的函数作为激活函数，如 sigmoid 函数。针对 ELM 算法输入权重和隐层阈值随机设置以及训练速度快的特点，可采取多次训练，获得多组模型参数，然后将多组预测结果取均值作为最终结果，以增强模型的稳定性和预测结果的有效性。

WNN-ELM 模型结构图如图 2.3 所示。

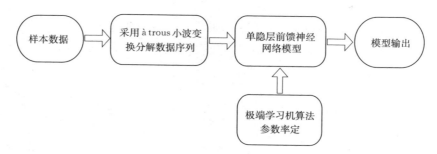

图 2.3　WNN‐ELM 模型结构图

2.4　模型评价指标

在模型性能评价方面，许多拟合度评价指标已经被用于评价模型性能。在多准则分析模型性能时，应该选择合适的评价指标。因此，本章选用国内外研究中常用的 4 个指标以合理评价模型性能。

$$RMSE = \sqrt{\frac{1}{n}\sum_{i=1}^{n}(Q_i - \hat{Q}_i)^2} \tag{2.17}$$

$$R = \frac{\sum_{i=1}^{n}(Q_i - \bar{Q})(\hat{Q}_i - \bar{\hat{Q}})}{\sqrt{\sum_{i=1}^{n}(Q_i - \bar{Q})^2 \sum_{i=1}^{n}(\hat{Q}_i - \bar{\hat{Q}})^2}} \tag{2.18}$$

$$CE = 1 - \frac{\sum_{i=1}^{n}(Q_i - \hat{Q}_i)^2}{\sum_{i=1}^{n}(Q_i - \bar{Q})^2} \tag{2.19}$$

$$MAPE = \frac{1}{n}\sum_{i=1}^{n}\left|\frac{Q_i - \hat{Q}_i}{Q_i}\right| \times 100 \tag{2.20}$$

式中　n ——实测流量数据总的个数；

Q_i、$\hat{Q}_i$ ——第 i 时刻的实测流量和预报流量；

$\bar{Q}$、$\bar{\hat{Q}}$ ——全体实测值的均值和全体预测值的均值。

均方根误差（$RMSE$）为一个任意的正数，越接近于 0 时表示模型性能越好。相关系数（R）取值范围为 [−1，1]，反映预测值与实测值的线性相关程度，越接近于 1 时模型性能越好。作为水文预报领域常用的评价指标之一，确定性系数（CE）由 Nash 和 Sutcliffe[199]提出且取值范围为（$-\infty$，1]；当 $CE \in [0.9, 1]$ 时，表示模型性能非常令人满意；当 $CE \in [0.8, 0.9)$ 时，表示模型性能较好；当 $CE \in (-\infty, 0.8)$ 时，表示模型性能较差；对于较大流量预测结果评价，指标 CE 比 $RMSE$ 更具有参考意义。平均绝对百分比误差（$MAPE$）表示预测误差百分率，$MAPE$ 越小，模型性能越好。

2.5 应用实例

分别以我国西南地区的漫湾和洪家渡水电站为研究对象，对本章所提出的月径流预报模型性能进行验证。由于受资料所限，仅能采用两座电站的月径流时间序列作为样本数据进行研究。为更好地评测 WNN-ELM 模型的性能，同时采用 SLFNs-ELM 和 SVM 模型作为对比。为了避免赘述，实例 1 中着重介绍建模思想、方法和结果，而实例 2 中只说明建模方法和结果。

2.5.1 实例 1——漫湾水电站月径流预报

澜沧江是我国西南地区的重大河流之一，其发源于青藏高原，流经青海、西藏、云南及国外，并最终注入南海，河流总长度达到 4500km，流域面积达到 744000km²，在我国境内的干流总长度达到了 2153km，多年平均径流量 740 亿 m³，水能资源丰富。径流以降雨补给为主，春季有较多的冰雪融水，对河川径流有一定的调节作用，径流量主要集中在 5—10 月。

漫湾水电站位于中国云南省云县和景东县交界处的澜沧江中游河段上，是澜沧江中游河段开发的第 3 级，云南省第 1 座百万千瓦级水电站。该水电站以发电为单一开发目标，控制流域面积为 114500km²，坝址以上河长为 1579km，平均海拔为 4000m，多年平均流量为 1230m³/s，多年平均年径流量为 388 亿 m³。漫湾水电站的装机容量为 155 万 kW，正常蓄水位为 994m，死水位为 982m，校核洪水位为 997.5m，总库容为 9.2 亿 m³，调节库容为 2.58 亿 m³，千年一遇设计洪峰流量为 18500m³/s，5000 年一遇校核洪峰流量为 22300m³/s，可能最大洪峰流量为 25100m³/s，并且具有季调节能力，是云南省境内的重要水电站之一。作出具有一定可靠精度的月径流预报方案，是科学制订漫湾水电站长期调度方案，是合理利用水能资源的重要前提和依据。

利用 1958—2007 年共 50 年的月径流数据开展研究，其中 40 年的数据用于模型参数率定，其余 10 年的数据用于检验。表 2.2 为率定和检验段的径流数据统计情况。表 2.2 的统计指标 X_{mean}、S_x、C_s、X_{min} 和 X_{max} 分别表示均值、标准差、偏态系数、最小值和最大值。由表 2.2 中可知，径流序列变化范围较大，同时训练数据最大值大于检验数据最大值，利于数据归一化处理。

表 2.2　漫湾水电站率定和检验段数据指标 X_{mean}、S_x、C_s、X_{min} 和 X_{max} 统计

样本集	X_{mean}	S_x	C_s	X_{min}	X_{max}
率定	1229.4	35.1	1.2	278.0	5000.0
检验	1287.0	36.0	1.0	302.0	3940.0
全部数据	1240.9	35.3	1.1	278.0	5000.0

1. 输入因子确定

确定合理的输入模式有助于捕捉径流过程中隐含的非线性特征，以获得较好的模型性能。在时间序列预测问题中，自相关函数（ACF）和偏自相关函数（PACF）常被用于诊断自回归过程的阶数，并用来确定模型输入向量[200]。通过 ACF 和 PACF 分析，可将前 12 个月的径流作为漫湾水电站月径流预报模型的输入向量。

对于神经网络模型，参数率定样本数应等于或大于网络参数[201]。但是由于 ELM 算法率定模型参数需要模型结构具有较多的隐层节点数，并且样本数据有限，因此，不宜将前 12 个月的小波分解系数全部输入至 SLFNs - ELM 模型中。为测试 WNN - ELM 模型性能，采用① Q_t；② Q_t 和 Q_{t-1}；③ Q_t、Q_{t-1} 和 Q_{t-2} 共 3 种组合的小波分解系数作为 WNN - ELM 模型输入。为便于比较模型性能，将以下 4 种组合作为 SLFNs - ELM 和 SVM 的模型输入，即：① Q_t；② Q_t 和 Q_{t-1}；③ Q_t、Q_{t-1} 和 Q_{t-2}；④前 12 个月流量。

2. 支持向量机模型

支持向量机（Support Vector Machine，SVM）由 Vapnik[49]于 1995 年基于结构化风险原理最小原则而提出的一种方法，其基本思想是利用线性模型通过输入向量非线性映射到高维空间中，以获取最优分类超平面。最优超平面具有既要达到数据划分无误，又要使得分类间隔达到最大的特点。如果样本数据线性可分，为获得最优超平面，即可开展线性机训练。SVM 模型参数率定等同于求解一个具有线性约束的二次规划问题，并且求解所得结果具有全局最优性。SVM 模型参数具有较好的泛化性能，水文预测领域中的许多应用表明了 SVM 模型的有效性。

　　在实际应用中，利用 SVM 模型必须选择核函数，任何满足 Mercer 条件[202]的函数都可被选作核函数。由于径向基核函数在实际应用中，相对于多项式核函数和神经网络核函数优势比较明显[203]，因此，本应用选择径向基（RBF）函数作为核函数。RBF 核函数中需要确定 C、ε 和 σ 3 个参数，但是 3 个最优参数难以预先设置，因此，需要进行参数优选。近年来，遗传算法[204]等优化方法已被用于 SVM 模型参数率定，并取得了较好的效果。因此，可选择遗传算法作为参数率定方法。参数率定获得最优的模型参数为 $(C, \varepsilon, \sigma) =$ $(0.2413, 1.0490, 0.0022)$。漫湾水电站 SVM 模型不同输入模式下的参数性能统计见表 2.3。

表 2.3　　　漫湾水电站 SVM 模型不同输入模式下的参数性能统计

模型输入	最优参数 (C, ε, σ)	率　定				检　验			
		$RMSE$	R	E	$MAPE$	$RMSE$	R	E	$MAPE$
① Q_t	(2.6239, 0.9951, 0.0069)	566.54	0.785	0.607	33.56	617.22	0.774	0.587	34.87
② Q_t 和 Q_{t-1}	(13.1112, 0.9923, 0.0409)	432.00	0.879	0.772	24.79	500.19	0.854	0.728	26.17
③ Q_t，Q_{t-1} 和 Q_{t-2}	(4.8517, 1.7002, 0.0202)	372.14	0.912	0.831	17.32	474.51	0.870	0.756	21.90
④ 前 12 个月流量	(0.2413, 1.0490, 0.0022)	342.58	0.928	0.858	13.31	385.87	0.917	0.838	16.00

　　3. SLFNs – ELM 模型

　　针对 SLFNs – ELM 模型建立问题，由于输入模式和输出均已知，仅需确定最优的隐含层节点数以确定模型结构。采用试错法确定最优的隐含层节点数。由于 ELM 算法高度依赖于随机设置的输入权重和隐层节点阈值，因此，同一模型结构将有多种参数能够产生令人满意的预测精度。针对这一问题，目前主要有两种方式评价模型性能。一种是针对某一模型结构，仅参数率定一次，并将参数率定结果作为最终结构；另一种是采用简单平均法即针对某一模型结构，多次率定模型参数，然后将模型评价指标简单平均，并作为最终结果。为降低输入权重和隐层节点阈值的随机性，本章选用第二种方法率定模型参数，针对每个 SLFNs – ELM 模型，先计算 20 次，然后选择 10 组性能较好的参数并取均值作为最终统计结果。图 2.4 为漫湾水电站 SLFNs – ELM 模型在输入模式④下的隐层节点数关于指标 RMSE 的敏感性分析。与建立 SVM 模型相类似，率定 SLFN – ELMs 模型参数，主要参考指标 RMSE 的值，同时也要考虑另外 3 个指标的变化。表 2.4 为漫湾水电站 SLFNs‑ELM 模型不同输入下的参数性能统计。因此，可确定最优的 SLFNs‑ELM 模型结构为（12，26，1）。

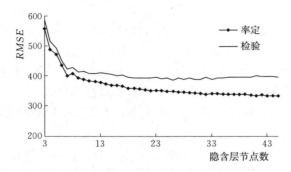

图 2.4　漫湾水电站输入模式④时 SLFNs‑ELM 模型
的隐层节点数关于指标 $RMSE$ 的敏感性分析

表 2.4　漫湾水电站 SLFNs‑ELM 模型不同输入下的参数性能统计

模型输入	模型结构	率　定				检　验			
		$RMSE$	R	E	$MAPE$	$RMSE$	R	E	$MAPE$
① Q_t	（1，13，1）	554.91	0.789	0.623	37.58	600.68	0.781	0.608	39.07
② Q_t 和 Q_{t-1}	（2，21 1）	415.52	0.888	0.789	20.46	487.45	0.862	0.742	22.91
③ Q_t，Q_{t-1} 和 Q_{t-2}	（3，14，1）	390.88	0.902	0.813	21.29	463.00	0.877	0.767	23.37
④前 12 个月流量	（12，26，1）	349.45	0.923	0.852	16.49	386.03	0.916	0.838	17.90

4. WNN‑ELM 模型

建立 WNN‑ELM 模型，必须选择合适的小波函数。在常用的 Haar、Daubechies、B 样条和 Sym 4 种小波函数中，B 样条小波函数在具有长期特征的时间序列应用中，预测精度较高[63]。采用三次 B 样条函数对原序列进行 à trous 小波变换，将所得的小波分解系数输入 SLFNs‑ELM 模型。由于原序列中每个成分的作用是不同的，并且小波分解后的每一个子序列也有区别，因此，本章建立的 WNN‑ELM 模型是将原序列的小波分解系数输入 SLFNs‑ELM 模型，而实际值作为模型输出。

截至目前，在小波分解分辨率选择上，尚未有成熟的理论与方法。本章选用 $\lg N$（N 为数据序列长度）计算分解级数，因此可将漫湾水电站用径流序列数据分解为三级（2‑4‑8），如图 2.5 所示。由于所有的小波分解系数同等重要，并且均含有原序列中的信息[205]，将所有小波分解系数输入模型。与 SLFNs‑ELM 模型参数率定方法类似，当小波系数输入 WNN‑ELM 模型时，也采用简单平均法确定模型最优参数。漫湾水电站 WNN-ELM 模型不同输入模式下的参数性能统计见表 2.5。表中 DWs 表示数据包括小波分解细节序列（d_1、d_2 和 d_3）和近似序列（c_3）。结果表明，当输入模式③且 WNN-ELM 模型结构为（12，23，1）时，模型的预报精度较好。

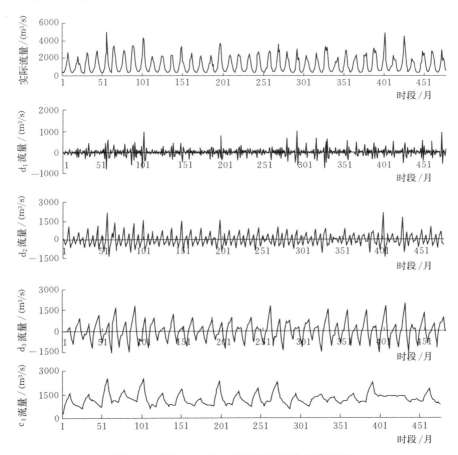

图 2.5 漫湾水电站月径流数据小波分解过程

表 2.5 漫湾水电站 WNN-ELM 模型不同输入模式下的参数性能统计

模型输入	模型结构	率　定				检　验			
		RMSE	*R*	*E*	*MAPE*	*RMSE*	*R*	*E*	*MAPE*
① DWs_t	（4，24，1）	417.34	0.887	0.787	33.19	445.43	0.886	0.785	33.43
② DWs_t 和 DWs_{t-1}	（8，21，1）	290.85	0.947	0.897	20.77	296.99	0.951	0.904	21.00
③ DWs_t，DWs_{t-1} 和 DWs_{t-2}	（12，23 1）	267.74	0.955	0.912	16.37	288.60	0.954	0.910	16.23

5．各模型结果对比分析

表 2.6 为漫湾水电站各模型关于指标 $RMSE$、R、E 和 $MAPE$ 在率定和检验段的统计情况。结果显示在率定和检验段 WNN-ELM 模型在 4 个指标方面均优于 SLFNs-ELM 模型，同时在 $RMSE$、R 和 E 3 个指标方面也优于 SVM 模型。在检验段，WNN-ELM 模型相比于 SVM 模型，在指标 $RMSE$ 方面，降低了 25%；在指标 R 和 E 方面，分别提高了 4% 和 9%。SVM 模型在指标 $MAPE$ 方面优于 SLFNs-ELM 模型，而两模型指标其余 3 个指标值方面几乎相等。图 2.6 为 SVM、SLFNs-ELM 和

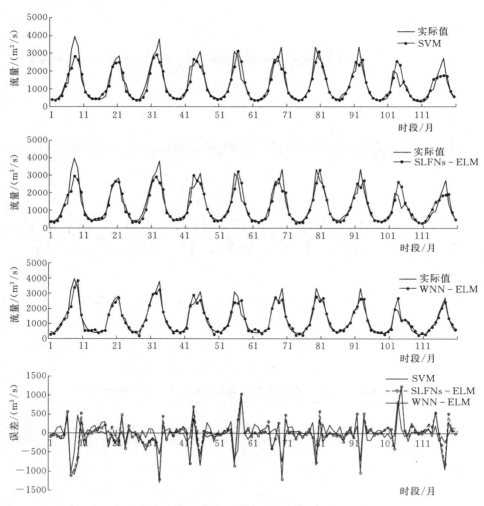

图 2.6　SVM、SLFNs-ELM 和 WNN-ELM 模型漫湾水电站的
径流预测值与实际值对比过程

WNN-ELM 模型漫湾水电站径流预测值与实际值对比过程。容易看出，WNN-ELM 的预测误差优于 SVM 和 SLFNs-ELM 模型，但 SLFNs-ELM 和 SVM 两模型之间无明显差别。表 2.7 为检验段 SVM、SLFNs-ELM 和 WNN-ELM 模型漫湾水电站峰值预测精度统计。针对最大实际峰值 $3369\mathrm{m}^3/\mathrm{s}$ 而言，SVM 模型预测值为 $2361.7\mathrm{m}^3/\mathrm{s}$，误差达到 30%；SLFNs-ELM 模型预测值为 $2342.5\mathrm{m}^3/\mathrm{s}$，误差也达到 30%；WNN-ELM 模型预测值为 $2651.9\mathrm{m}^3/\mathrm{s}$，误差也达到 21%。此外，SVM、SLFNs-ELM 和 WNN-ELM 模型关于峰值流量预测误差的绝对平均值分别为 27%、25% 和 14%。从表 2.6 和 2.7 中可看出，SLFNs-ELM 模型峰值预测精度优于 SVM 模型，而在非峰值预测精度上劣于 SVM 模型。

表 2.6 　　　　　　漫湾水电站月径流预报模型参数率定及检验统计

模　型	率　定				检　验			
	$RMSE$	R	E	$MAPE$	$RMSE$	R	E	$MAPE$
SVM	342.58	0.928	0.858	13.31	385.87	0.917	0.838	16.00
SLFNs-ELM	349.45	0.923	0.852	16.49	386.03	0.916	0.838	17.90
WNN-ELM	267.74	0.955	0.912	16.37	288.60	0.954	0.910	16.23

表 2.7 　　漫湾水电站 SVM、SLFNs-ELM 和 WNN-ELM 模型
检验段峰值预测精度统计

峰号	实测值 /(m^3/s)	SVM /(m^3/s)	SLFNs-ELM /(m^3/s)	WNN-ELM /(m^3/s)	相对误差/%		
					SVM	SLFNs-ELM	WNN-ELM
1	3940.0	2857.1	2973.1	3402.1	−27	−25	−14
2	2847.0	2506.0	2633.0	2721.9	−12	−8	−4
3	3821.0	2517.6	2612.2	3262.2	−34	−32	−15
4	3110.0	2259.1	2546.1	2560.2	−27	−18	−18
5	3103.0	2277.9	2247.1	2432.6	−27	−28	−22
6	3352.0	2150.6	2151.2	2609.3	−36	−36	−22
7	3358.0	2535.0	2616.7	2812.4	−25	−22	−16
8	3369.0	2361.7	2342.5	2651.9	−30	−30	−21

续表

峰号	实测值 /(m³/s)	SVM /(m³/s)	SLFNs - ELM /(m³/s)	WNN - ELM /(m³/s)	相对误差/%		
					SVM	SLFNs - ELM	WNN - ELM
9	2030.0	1634.0	1634.9	1984.2	−20	−19	−2
10	2732.0	1785.0	1940.7	2488.5	−35	−29	−9
绝对平均值					27	25	14

2.5.2 实例2——洪家渡水电站月径流预报

乌江是长江上游右岸最大支流，起源于贵州省，流经重庆后注入长江，其干流总长度达到1037km，流域面积达到87900km²，年降雨量为900～1400mm，多年平均径流量为534亿m³，天然落差大、水能资源丰富，是我国重要的水电基地之一。

洪家渡水电站是国家西部大开发和"西电东送"首批开工的重点工程之一，位于乌江干流北源六冲河下游，占六冲河流域面积的91%，距省会贵阳158km，是乌江水电基地11个梯级电站中唯一对水量具有多年调节能力的"龙头"电站，坝址控制流域面积为9900km²，多年平均流量为155m³/s，多年平均径流量为48.9亿m³。洪家渡水电站装机容量为60万kW，设计年平均发电量为15.59亿kWh，电站大坝高为179.5m，水库总库容量为49.47亿m³，调节库容为33.6亿m³。利用水库的调节作用，枯水期调节流量增加，汛期减少下游梯级调峰弃水，可大幅度提高乌江干流发电效益，可使下游索风营、东风、乌江渡电站每年共增加发电量15.96亿kWh。是贵州电网调峰、调频和备用的主力电源，有效地改善了电网的运行条件。作出具有可靠精度的月径流预报方案，对洪家渡水电站合理利用水能资源具有重要意义。

利用1958—2007年共50年的月径流数据开展研究，其中40年的数据用于模型参数率定，其余10年的数据用于检验。表2.8为率定和检验段的径流数据统计情况，其中统计指标X_{mean}、S_x、C_s、X_{min}和X_{max}分别表示均值、标准差、偏态系数、最小值和最大值。由表2.8中可知，径流序列变化范围较大，且训练数据最大值大于检验数据最大值，利于数据归一化处理。

表2.8 洪家渡水电站率定和检验段数据指标X_{mean}、S_x、C_s、X_{min}和X_{max}统计

样本集	X_{mean}	S_x	C_s	X_{min}	X_{max}
率定	143.0	12.0	1.6	23.7	619.0
检验	133.8	11.6	1.8	26.0	607.0

样本集	X_{mean}	S_{x}	C_{s}	$X_{\min}$	$X_{\max}$
全部数据	141.1	11.9	1.6	23.7	619.0

1. 输入因子确定

经过 ACF 和 PACF 函数分析，可将前 12 个月的径流作为洪家渡水电站月径流预报模型的输入向量。由于神经网络模型参数率定对样本数目有一定要求，并且考虑到 ELM 算法自身特性，不宜将前 12 月的小波分解系数全部输入至 SLFNs-ELM 模型中。为测试 WNN-ELM 模型性能，采用①Q_t；②Q_t 和 Q_{t-1}；③Q_t、Q_{t-1} 和 Q_{t-2} 共 3 种组合的小波分解系数作为 WNN-ELM 模型输入。同时将①Q_t；②Q_t 和 Q_{t-1}；③Q_t、Q_{t-1} 和 Q_{t-2}；④前 12 个月流量共 4 种组合作为 SLFNs-ELM 和 SVM 的模型输入。

2. SVM 模型

选择径向基（RBF）函数作为核函数，同时选择遗传算法针对 RBF 核函数中需要确定 C、ε 和 σ 3 个参数进行优选。参数率定获得最优的模型参数为 $(C,\varepsilon,\sigma) = (0.5674, 0.8627, 0.0546)$。洪家渡水电站 SVM 模型不同输入模式下的参数性能统计见表 2.9。

表 2.9　洪家渡水电站 SVM 模型不同输入模式下的参数性能统计

模型输入	最优参数 (C,ε,σ)	率　定				检　验			
		$RMSE$	R	E	$MAPE$	$RMSE$	R	E	$MAPE$
①Q_t	(9.8871, 1.0229, 0.0752)	99.41	0.592	0.337	59.42	102.97	0.669	0.406	71.76
②Q_t 和 Q_{t-1}	(18.3475, 0.3686, 0.0761)	95.27	0.637	0.392	57.69	95.94	0.740	0.484	69.06
③Q_t，Q_{t-1} 和 Q_{t-2}	(3.2094, 3.8223, 0.1085)	85.77	0.728	0.508	61.79	95.66	0.719	0.487	76.84
④前 12 个月流量	(0.5674, 0.8627, 0.0546)	79.57	0.776	0.581	36.28	86.57	0.793	0.580	50.06

3. SLFNs-ELM 模型

采用简单平均法率定模型参数，即针对某一模型结构，先计算 20 次，然后选择 10 组性能较好的参数并取均值作为最终统计结果。图 2.7 为洪家渡水电站 SLFNs-ELM 模型在输入模式④下的隐层节点数关于指标 *RMSE* 的敏感性分析。表 2.10 为洪家渡水电站 SLFNs-ELM 模型性能指标统计。因此，确定最优的 SLFNs-ELM 模型结构为（12，29，1）。

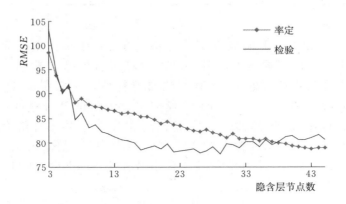

图 2.7　洪家渡水电站输入模式④时 SLFNs-ELM
模型的隐层节点数敏感性分析

表 2.10　洪家渡水电站 SLFNs-ELM 模型不同输入模式下的参数性能统计

模 型 输 入	模型结构	率　定				检　验			
		RMSE	*R*	*E*	*MAPE*	*RMSE*	*R*	*E*	*MAPE*
①Q_t	（1，6，1）	97.16	0.606	0.370	57.24	100.20	0.668	0.437	63.23
②Q_t 和 Q_{t-1}	（2，24，1）	89.51	0.681	0.463	50.67	98.74	0.680	0.450	58.67
③Q_t，Q_{t-1} 和 Q_{t-2}	（3，25 1）	84.24	0.725	0.525	47.03	93.69	0.713	0.508	60.04
④前 12 个月流量	（12，29，1）	81.68	0.748	0.559	45.39	77.71	0.822	0.662	53.94

4．WNN-ELM 模型

采用三次 B 样条函数对原序列进行 à trous 小波变换，将所得的小波分解系数输入 SLFNs-ELM 模型，并以实际值作为模型输出。将洪家渡水电站径流序列数据分解为三级（2-4-8），如图 2.8 所示。将所有小波分解系数输入模型，采用简单平均法确定模型最优参数。洪家渡水电站 WNN-ELM 模型不同输入模式下的参数性能统计见表 2.11，表中 DWs 表示数据包括小波分解细节序列（d_1、d_2 和 d_3）和近似序列（c_3）。结果表明，当输入模式③且 WNN-ELM 模型结构为（12，19，1）时，模型的预报精度较好。

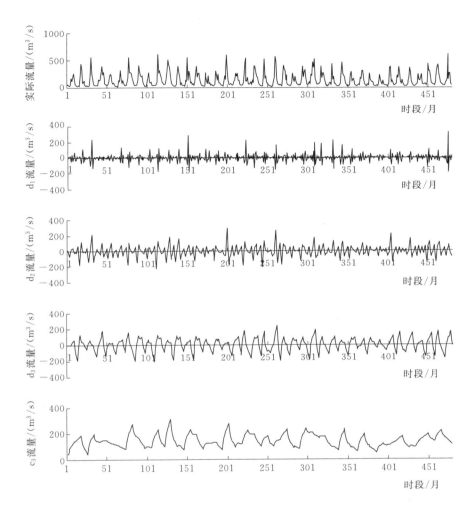

图 2.8　洪家渡水电站月径流数据小波分解过程

表 2.11　洪家渡水电站 WNN - ELM 模型不同输入模式下的参数性能统计

模型输入	模型结构	率　　定				检　　验			
		$RMSE$	R	E	$MAPE$	$RMSE$	R	E	$MAPE$
① DWs_t	(4, 21, 1)	68.70	0.827	0.684	38.09	80.30	0.800	0.637	48.73
② DWs_t 和 DWs_{t-1}	(8, 18, 1)	56.86	0.875	0.778	35.61	66.05	0.869	0.755	38.99
③ DWs_t，DW_{t-1} 和 DWs_{t-2}	(12, 19, 1)	54.78	0.894	0.799	34.49	62.78	0.883	0.779	37.42

5. 各模型结果对比分析

表 2.12 为洪家渡水电站各模型关于指标 RMSE、R、E 和 MAPE 在率定和检验段的统计情况。结果显示在率定和检验段 WNN - ELM 模型在 4 个指标方面均优于 SLFNs - ELM 模型，同时在 RMSE、R 和 E 3 个指标方面也优于 SVM 模型。在检验段，WNN - ELM 模型相比于 SVM 模型，在指标 RMSE 方面，降低了 27%；在指标 MAPE 方面，降低了 25%；在指标 R 和 E 方面，分别提高了 11% 和 34%。SVM 模型在指标 MAPE 方面优于 SLFNs - ELM 模型，而在 RMSE、R 和 E 3 个指标方面劣于 SLFNs - ELM 模型。图 2.9 为 SVM、SLFNs - ELM 和 WNN - ELM 模型洪家渡水电站径流预测值与实际值对比过程。容易看出，WNN - ELM 的预测误差优于 SVM 和 SLFNs - ELM 模型，且 SLFNs - ELM 模型的峰值预测略优于 SVM 模型。表 2.13 为检验段 SVM、SLFNs - ELM 和 WNN - ELM 模型洪家渡水电站峰值预测精度统计。针对最大实际峰值 607.0m³/s 而言，SVM 模型预测值为 308.6m³/s，误差达到 49%；SLFNs - ELM 模型预测值为 364.7m³/s，误差达到 40%；WNN - ELM 模型预测值为 431.9m³/s，误差达到 29%。针对第二大实际峰值 606.0m³/s 而言，SVM 模型预测值为 325.3m³/s，误差达到 46%；SLFNs - ELM 模型预测值为 380.4m³/s，误差达到 37%；WNN - ELM 模型预测值为 512.7m³/s，误差达到 15%。此外，SVM、SLFNs - ELM 和 WNN - ELM 模型关于峰值流量预测误差的绝对平均值分别为 35%、28% 和 15%。从表 2.12 和表 2.13 中可看出，总体上 SLFNs - ELM 模型峰值预测精度略优于 SVM 模型。

表 2.12　　洪家渡水电站月径流预报模型参数率定及检验统计

模　型	率　定				检　验			
	RMSE	R	E	MAPE	RMSE	R	E	MAPE
SVM	79.57	0.776	0.581	36.28	86.57	0.793	0.580	50.06
SLFNs - ELM	81.68	0.748	0.559	45.39	77.71	0.822	0.662	53.94
WNN - ELM	54.87	0.894	0.799	34.49	62.78	0.883	0.779	37.42

表 2.13　　洪家渡水电站 SVM、SLFNs - ELM 和 WNN - ELM 模型检验段峰值预测精度统计

峰号	实测值 /(m³/s)	SVM /(m³/s)	SLFNs - ELM /(m³/s)	WNN - ELM /(m³/s)	相对误差/%		
					SVM	SLFNs - ELM	WNN - ELM
1	607.0	308.6	364.7	431.9	-49	-40	-29
2	559.0	332.9	359.1	418.5	-40	-36	-25

续表

峰号	实测值 /(m³/s)	SVM /(m³/s)	SLFNs-ELM /(m³/s)	WNN-ELM /(m³/s)	相对误差/%		
					SVM	SLFNs-ELM	WNN-ELM
3	366.0	295.3	335.8	322.5	−19	−8	−12
4	606.0	325.3	380.4	512.7	−46	−37	−15
5	497.0	242.3	268.6	359.9	−51	−46	−28
6	358.0	191.5	232.8	326.2	−47	−35	−9
7	325.0	210.4	236.0	290.3	−35	−27	−11
8	252.0	174.1	211.6	244.2	−31	−16	−3
9	174.8	173.3	193.0	189.4	−1	10	8
10	307.0	211.4	227.1	278.1	−31	−26	−9
绝对平均值					35	28	15

针对以上两个实例应用及其分析，可以清晰表明 SLFNs-ELM 模型的峰值预测精度略优于 SVM 模型，而且 WNN-ELM 模型的预测精度明显优于 SVM 和 SLFNs-ELM 模型。实际上，径流时间序列是一种含有随机和周期成分的非常复杂的水文过程。对于径流序列进行 à trous 小波变换，获得的小波系数可以揭示原径流序列中难以直观发现的细微构造。WNN-ELM 模型能够获得最好的预报精度可归因于小波分解可以揭示隐含的由细微构造组成的多尺度现象[206]。此外，图 2.6 和图 2.9 中的结果也表明，汛期流量的预报值大多低于实际值，这一低估在汛期流量较大的年份尤为严重，原因主要归结于：长期径流过程形成机理极为复杂，预报模型预测精度不仅受前期降雨、径流因素影响，同时也受极端气候以及人类活动等因素影响。由于受资料所限，本书模型仅采用前期径流作为输入因子，而未考虑上述复杂因素，因此，汛期径流预测与实际值偏差较大。

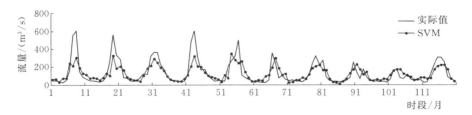

图 2.9（一） SVM、SLFNs-ELM 和 WNN-ELM 模型洪家渡水电站
径流预测与实际对比过程

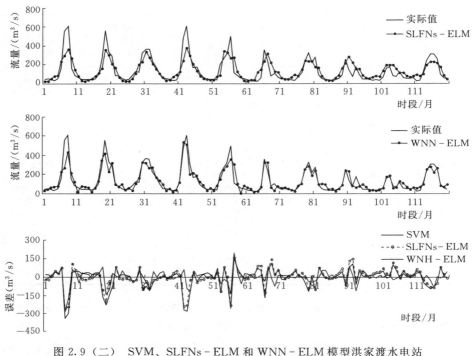

图 2.9（二）　SVM、SLFNs - ELM 和 WNN - ELM 模型洪家渡水电站
径流预测与实际对比过程

2.6　小结

　　前馈神经网络在中长期径流预报中研究与应用较多，但其参数率定时多采用基于梯度下降的算法（如 BP 等），存在耗时长、泛化能力差、易陷入局部最优等问题，容易导致模型参数率定效率和预测精度降低，因此，为提高中长期径流预报精度，需采取有效措施提高前馈神经网络模型的参数率定效率及泛化能力。本章提出了基于极端学习机算法（ELM）的小波神经网络月径流预报模型（WNN - ELM），主要结论如下。

　　（1）提出的 WNN - ELM 模型可以在较短时间内获得具有较高预报精度的模型参数。该模型首先根据小波分析强大的数学分析能力，利用 à trous 小波变换耦合单隐层前馈神经网络模型（SLFNs），并以小波分解系数作为模型输入，提高了模型的映射能力；其次，结合 ELM 算法学习速度快和泛化能力好的优点，利用 ELM 算法率定模型参数，确保了 WNN - ELM 模型的参数率定效率和预测能力。

　　（2）以漫湾和洪家渡两座水电站月径流预报为例，验证 WNN - ELM 模型的性能，同时应用 SVM 和 SLFNs - ELM 两种模型作为对比分析，结果表明，SLFNs - ELM 模型的峰值预测精度略优于 SVM 模型，而 WNN - ELM 模型的预测精度明显优于 SVM 和 SLFNs - ELM 模型；同时表明 WNN - ELM 模型简单且易于实施，可在径流预测领域进一步推广应用，并可为制定水电系统长期优化调度方案提供重要的参考依据。

第3章 基于贝叶斯回声状态网络的日径流预报模型

3.1 引言

日径流预报结果是制定水电站群中期调度方案的重要依据，其预报精度直接影响调度方案制定的合理性以及能否满足电力、生态等实际生产需求。日径流预报精度，除受模型参数率定精度影响外，一般主要还受以下因素影响：预报时段内实际降雨发生时刻、强度和历时，流域中的降雨地点分布以及模型输入信息的精度，此外，人类生产活动对径流形成的内在机制也有一定程度影响。随着经济发展以及水电资源开发利用活动的增强，在我国南方水库流域内建成了众多的小水电站，目前总体而言，小水电站群仍缺乏足够有效的管理，其未来数日的蓄泄行为难以有效预知；小水电站群追求发电效益最大化，势必对流域内的径流过程形成一定干扰，尤其是降雨即将开始或降雨即将结束时发生的蓄泄行为，容易致使这种影响较为明显，导致传统的水文模型预报精度降低，难以为生产实践提供预报精度可靠的径流信息参考。

近年来，神经网络模型因不考虑降雨-径流过程内在的物理机制，仅采用数学函数映射输入与输出之间存在的内在联系，在一定程度上降低了水文模型的建立难度，在日径流预报中得到了广泛应用。在这些应用中，常使用基于梯度下降法的静态神经网络[188]，但由于径流形成过程具有高度复杂的动态特征，因此，直接应用静态神经网络在预报精度方面具有一定的影响。尽管在如何提高静态神经网络的泛化能力方面已获得较多研究成果[207]，但为更好地满足实际生产需求，仍然需要进一步深入研究。为此，本章针对径流预报问题，在第2章研究静态神经网络的基础上，进一步研究动态神经网络。递归神经网络[208]作为动态神经网络，能够较好地模拟径流形成过程，但由于其学习算法耗时长、计算量大，直接应用还有一定的限制。

回声状态网络[209,210]（Echo State Networks，ESN）是一种新的递归神经网络，其核心是随机稀疏连接的储备池。ESN只需要对输出权值进行训练，通过求解简单的线性回归问题而得到。其他权值及阈值根据特定的要求随机生成，训练过程中不需要再调整。ESN 的训练方法极大的简化了传统递归神经网络的设计和训练过程，并保证权值的全局最优，具有良好的泛化能力，克服了传统递归神经网络训练算法复杂，计算效率不高以及容易陷入局部最优等问题。回声状态网络有效的权值训练方法，使得回声状态网络在满足回声状态特性的前提下可以获得很好的性能。目前在水文预报领域仅有少量成果得到报道[211-213]，实例应用表明，ESN 模型的预报精度优于 BP 神经网络、径向基神经网络 Elman 递归神经网络和自适应模糊推理等模型的预报精度。由于标准 ESN 常依据线性回归获得输出权重，在径流预报中容易出现过拟合问题，致使模型泛化能力不足，目前针对此问题研究较少。岭回归技术[214]虽被用于过拟合问题研究，但岭回归参数选择比较困难；基于支持向量机的正则化技术也曾针对该问题进行研究[215]，但参数正则化比较困难，同时相应交叉验证过程比较费时。

针对上述问题，依据贝叶斯理论[216, 217]考虑权重空间的概率密度，通过权重后验概率分布最大化获得最优输出权重，可以避免模型参数率定的过拟合现象[218, 219]。为此，本章通过对传统参数率定目标函数引入正则项，提出了基于贝叶斯回声状态网络（BESN）的日径流预报模型。以安砂和新丰江两座水库的日径流预报为例，通过与传统 BP 神经网络和标准 ESN 模型对比，验证了 BESN 模型在日径流预报中的有效性。

3.2 传统递归神经网络及其常用算法存在的问题

递归神经网络主要用于处理数据序列，其思想是在神经网络中充分利用数据的顺序信息。对于递归神经网络中输入层中的每一个输入数据，递归神经网络内部进行相同的计算，同时每一步的计算都与前一步的计算相关。递归神经网络成为了一个非常流行的用于处理序列数据的模型。

图 3.1 显示了展开到完整网络中的递归神经网络，通过展开为完整的序列数据构造出递归神经网络。x_t 是在 t 时刻的输入；s_t 是在 t 时刻的隐藏层状态，它相当于网络中的"记忆"，它是基于先前隐藏层状态和当前时刻的输入数据进行计算的：$s_t = f(Ux_t + Ws_{t-1})$；o_t 是在 t 时刻的输出。隐藏层状态 s_t 可以视为网络的记忆，s_t 捕获之前所有时间内的网络信息，输出 o_t 只与 t 时刻网络的记忆有关。与传统的深层神经网络（其在每层的参数是不同的）相比，递归神经网络在所有时刻参数共享（U，V，W），这大大减少了需要学习的参数。

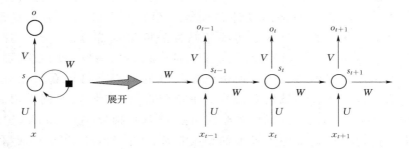

图 3.1   展开的递归神经网络

递归神经网络相比于前馈神经网络，信息处理中引入了系统存储功能，一般是通过利用之前的网络输出作为当前输入来实现的，并且同层之间的节点有时也存在连接关系。递归神经网络因含有时延问题，而属于动态神经网络，其实质是非线性动态模型，能够模拟具有复杂时间关系的动态系统。

递归神经网络主要分为部分递归和完全递归两种类型。两者的区别在于：完全递归神经网络中反馈和前馈连接没有任何限制，而部分递归神经网络以固定的方式将某些层前一个时刻的状态反馈到前面的层，并且反馈联接单元的权值固定不变[187]。图 3.2 为 Elman 递归神经网络（部分递归）和 Williams - Zipser 完全递归神经网络。

传统递归神经网络通常采用 BPTT 算法（Back - propagation Through Time）和 EKF 算法（Extended Kalman Filter）率定模型参数，但在涉及模型复杂度和基于梯度法进行参数优选问题上，仍然存在一些缺陷[213]：

（1）参数率定过程中，权重逐步更新，可能使得递归神经网络在分叉点时梯度信息失效。

（2）权重更新计算量较大，并且可能必须更新许多参数。

（3）难以学习具有长记忆特征的问题，因为在有限时间内难以求解指数级的梯度信息。

（4）参数率定时需要技巧和经验，设置一些寻优计算时难以优化的全局控制参数。

在时间序列预测中，尽管应用传统递归神经网络具有潜在的理论优势，但因上述缺陷，尤其是参数率定耗时较长，限制了其在时间序列预测领域中的广泛应用。因此，从水文预测实际需求角度出发，需要研究新型的递归神经网络，以便服务于生产实践。

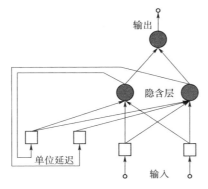

（a）Elman 递归神经网络

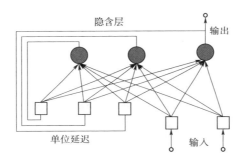

（b）Williams–Zipser 完全递归神经网络

图 3.2　Elman 递归神经网络和 Williams–Zipser 完全递归神经网络

3.3　回声状态网络

ESN 是由 Jaeger[210] 提出的一种新的递归神经网络，适用于神经计算和信号处理领域。ESN 通过采用动态储备池（Dynamical Reservoir，DR）使得网络具有较好的动力学特性和短期记忆功能，能够较好地学习非线性动态系统，在某种程度上属于完全递归神经网络。ESN 不仅稳定性好，而且网络训练简单，仅需确定输出权重，避免了大规模计算，具有较好的模型参数率定效率。2004 年，Jaeger[209] 将 ESN 预测经典的 Mackey–Glass 混沌时间序列预测，并与之前文献采用其他方法所得结果相比，预测精度提升了 2400 倍，并将该成果发表于 *Science* 期刊上，引起了广泛关注。同时，已有文献研究和若干工程应用也表明了 ESN 的有效性。

3.3.1　回声状态网络结构特性

标准的 ESN 是由大量稀疏连接、具有固定权重"动态储备池"组成的非线性动态递归神经网络，参数率定仅需确定输出权重；其网络结构由输入层、储备池（即隐含层）和输出层 3 个部分组成，如图 3.3 所示，其中储备池是由大量稀疏且随机连接的神经元组成（神经元个数通常取值范围为 50～500）。

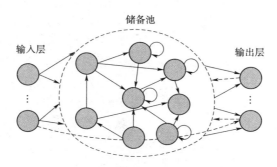

图 3.3　标准 ESN 网络拓扑图

采用储备池计算（Reservoir Computing，RC）方法可以分离模型动态模拟和网络训练，克服传统递归神经网络参数率定方法存在的一些问题，并且模拟精度高和训练耗时少。RC 方法主要分为两步，首先生成储备池，即一个能维持输入非线性转换的非适应性递归神经网络；其次通常用线性方法从储备池状态中获取期望输出。其基本思想是基于储备池中含有当前和历史丰富的系统动态信息，使得网络输出能够学习系统输入-输出间存在的函数关系。该方法可以认为是将输入向量通过非线性和时间上映射至高维特征空间，然后采用线性方法处理这些高维特征问题。RC 方法使得模型适应性强，然而关于储备池动态特性、最优输出和模型设计指导方面依然存在重大挑战，需要进一步研究[213]。

储备池功能类似于规则的递归神经网络，对神经元在层内的分布没有要求，其结构没有严格定义，也没有正式要求，但一般倾向于神经元之间相互连接实现递归方式。直觉上，一个具有大量随机连接稀疏矩阵的储备池的网络应能保持一个较好的动力学状态，但是没有精确定义如何使得网络具有较好的动力学状态，并且也依赖于具体的模拟任务。在储备池设计方面虽然已经有各种变化形式，但尚未存在最优设计准则。

ESN 的储备池具有"回声状态特性"，即前期输入和状态对未来状态的影响随时间流逝将会逐渐消失，而不是保持下去或扩大。依据谱半径（如特征值绝对值的最大值）$\rho(\boldsymbol{W}) < 1$，规格化处理储备池矩阵 $\boldsymbol{W}$。谱半径的值与动态储备池状态的时间尺度有密切联系。最优 $\rho(\boldsymbol{W})$ 取值依赖于模型的非线性程度和存储要求。

对于网络输出问题，一般采用线性回归方法进行处理。文献[209,210]对 ESN 模型进行了详细描述。

ESN 与 Elman 神经网有着极其相似的地方，但实际上两者核心部分有着本质的不同。ESN 的隐含层是由大规模、稀疏且随机连接的神经元组成，即为储备池，它是整个的动力核心部分。而从储备池独特的结构中，可以发现它的四个优点，即：

丰富的储备容量：储备池拥有大规模的神经元，通常可达几十到上千的数量，而传统的神经网络，一般只能取几个或十几个神经元。超大规模的储备池拥有了足够的储备动力能将输入数据映射至高维的空间，以便在训练过程中充分地逼近期望输出信号以获得更好的学习效果。

稀疏的连接方式：储备池内各神经元相互之间以一种小概率的方式进行连接，这种概率我们叫做稀疏度，一般取值小于通常储备池规模越大，最佳稀疏度的取值越小，与传统的递归神经网络相比，正是由于储备池具有稀疏的连接方式，因而它的复杂度相对较低，令它的学习过程所需的时间得以大幅地减少。

简单的权值训练：连接矩阵的各元素在经过初始化后，在整个训练过程中将保持不变，故是唯一需要训练的权值，可采用线性回归的方式进行训练，全局搜索的方式使权值的训练具有较强的稳定性。

短时的记忆特性：由状态更新方程可知，当前时刻动力储备池的状态总是与前若干个时刻的状态相关，这种特有的短时记忆特性，使非常适合对相关性较强的混沌时间序列进行预测。

研究表明，传统递归神经网由于采用梯度下降法的学习方法使模型无法避免地陷入运行效率低，四个优点中可以发现，拥有独特结构设计的储备池，巧妙地解决了传统递归神经网储备池存在着稳定性弱和学习效率低的两大难题。

3.3.2　回声状态网络参数率定方法

假定 ESN 网络有 K 个输入节点、N 个储备池神经元和 L 个输出层节点。输入向量、储备池状态和输出向量分别可由式（3.1）～式（3.3）表示：

$$\boldsymbol{u}(k) = \left[u_1(k), u_2(k), \cdots, u_K(k) \right]^{\mathrm{T}} \tag{3.1}$$

$$\boldsymbol{x}(k) = \left[x_1(k), x_2(k), \cdots, x_N(k) \right]^{\mathrm{T}} \tag{3.2}$$

$$\boldsymbol{y}(k) = \left[y_1(k), y_2(k), \cdots, y_L(k) \right]^{\mathrm{T}} \tag{3.3}$$

则 ESN 储备池状态更新及输出按照式（3.4）和式（3.5）进行：

$$\boldsymbol{x}(k) = f(\boldsymbol{W}^{\mathrm{in}}\boldsymbol{u}(k) + \boldsymbol{W}\boldsymbol{x}(k-1) + \boldsymbol{W}^{\mathrm{back}}\boldsymbol{y}(k-1)) \tag{3.4}$$

$$\boldsymbol{y}(k) = f^{\mathrm{out}}(\boldsymbol{W}^{\mathrm{out}}(\boldsymbol{u}(k), \boldsymbol{x}(k)) \tag{3.5}$$

式中　$\boldsymbol{W}^{\mathrm{in}}$——维数为 $N \times K$ 的输入层与储备池神经元的连接权重矩阵；

　　　　$\boldsymbol{W}$——维数为 $N \times N$ 的储备池内部的连接权重，同时为提供有效的记忆能力，大约保持 $1\% \sim 5\%$ 的稀疏连接且通常谱半径小于 1；

　　　　$\boldsymbol{W}^{\mathrm{back}}$——维数为 $N \times L$ 的输出层与储备池单元的反馈权重矩阵；

　　　　$\boldsymbol{W}^{\mathrm{out}}$——维数为 $L \times N$ 的输出权重矩阵；

　　　　$f(\cdot)$——储备池单元的激活函数（一般取双曲正切函数）；

　　　　$f^{\mathrm{out}}(\cdot)$——输出层激活函数（为简便计算可取线性函数）。

对于 ESN，动态储备池具有回声状态特性，而矩阵 $\boldsymbol{W}$ 谱半径必须小于 1 是具备回声状态的条件。具体而言，创建 ESN 模型，要遵循以下步骤（图 3.4）。

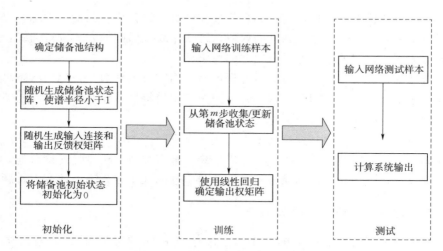

图 3.4　回声状态网络的建立流程

（1）创建一个具备动态储备池的完全递归神经网络（隐含层神经元数在 $[n/2, n]$ 范围内，n 为训练样本数）和随机生成的输出层的反馈权重矩阵，获得具有回声状态属性的无训练动态储备池网络（$\boldsymbol{W}_{\mathrm{in}}, \boldsymbol{W}, \boldsymbol{W}_{\mathrm{back}}$）。引入启发式方法：首先，随机生成初始权重矩阵 $\boldsymbol{W}_0$，然后将 $\boldsymbol{W}_0$ 进行归一化处理：

$W_1 = \dfrac{W_0}{|\lambda_{\max}|}$，其中：$|\lambda_{\max}|$ 为 W_0 的谱半径；其次，将权重矩阵 W_1 变换为 $W = \alpha W_1$，其中 $\alpha < 1$ 是权重矩阵 W 的谱半径；最后，随机生成输入权重矩阵 W_{in} 和输出反馈权重矩阵 W_{back}，未经参数率定的动态储备池网络（W_{in}，W，W_{back}）即为回声状态网络。

（2）使网络具有内在的动态特性：初始设置网络状态为 0，利用训练数据通过网络输入和期望输出驱动网络；利用公式（3.4）激活隐含层神经元。初始化网络，隐含层神经元开始显示目标输出的系统性变化（"回声"），然后利用训练数据依据公式（3.4）更新内部权重，隐含层神经元即可显示输入-输出信息的多样性变化。可以发现，网络内部动态更新不需要复杂的迭代学习，这也是 ESN 的主要优势之一。

（3）计算输出连接权重 W^{out}，并利用公式（3.5）得到最终的网络输出。ESN 参数率定主要是限于自适应输出层。通过自适应的输出权重，利用 ESN 的"回声状态"生成网络输出。反之，网络的内部动态是通过固定的输出反馈连接矩阵实现目标输出的回声。

在建立 ESN 网络时，W^{in}、W 和 W^{back} 一旦被初始化，在网络训练过程中即保持不变，只需对 W^{out} 进行训练即可。对于 W^{out}，常采用线性回归方法求解，如式（3.6）所示：

$$W^{\text{out}} = M^{-1} H \tag{3.6}$$

其中

$$M = \left[x(H_0)^{\mathrm{T}}, x(H_0 + 1)^{\mathrm{T}}, \cdots, x(H)^{\mathrm{T}} \right]^{\mathrm{T}}$$

$$H = \left[y(H_0), y(H_0 + 1), \cdots, y(H) \right]^{\mathrm{T}}$$

3.3.3 回声状态网络关键参数

影响 ESN 性能的参数较多，主要集中在储备池相关参数的选取，这些参数的优化也是 ESN 的研究热点，它们的取值影响着网络的泛化能力，本小节对储备池参数做简要介绍。

（1）储备池规模。储备池规模是指储备池层神经元的个数，储备池规模的选择对 ESN 性能的影响较大。一般来讲，储备池规模过大可以比较精确的拟合训练数据，但是可能会引入大量的冗余特征和无关特征，带来过拟合问题，导致网络的泛化能力降低，且具有较大的计算复杂度；反之，储备池规模过小，虽然计算复杂度较小，但是会产生欠拟合问题，影响网络的有效性。因此，ESN 储备池规模规模的选择应同时考虑到网络的复杂性和有效性，选择与具体任务相匹配的储备池规模。

（2）稀疏度。与一般的神经网络不同，ESN储备池层的神经元并不是全连接的，只有部分神经元之间存在着连接关系。稀疏度表示储备池层神经元的连接的稀疏情况，即储备池层中相互连接的神经元占所有神经元的百分比。一般来讲，1%～5%的连接即可保证ESN的动力学特性要求，稀疏度可以衡量储备池中所包含向量的丰富程度。

（3）储备池权值矩阵谱半径。储备池权值矩阵谱半径是指储备池权值矩阵的特征值中绝对值最大的。ESN是递归神经网络，因此需要考虑稳定性问题。Jaeger指出，谱半径小于1是满足回声状态特性的必要条件，需要注意的是谱半径小于1不是充分必要条件，谱半径的选择影响着ESN的性能，需要作为重要参数对其进行优化。

（4）输入缩放系数。由于储备池神经元的激活函数的不同选取以及不同的输入样本，输入信号一般不是直接作用于储备池，而是通过输入缩放系数对输入信号进行一定程度的缩放。输入缩放系数的大小决定网络输入对储备池层作用的强度，对储备池激活函数的工作区间产生影响。一般来讲，输入缩放系数的取值范围为［0，1］，如果输入缩放系数较大，储备池状态受当前时刻输入影响较大，激活函数在非线性区域工作；反之，如果输入缩放系数较小，储备池状态受当前时刻输入影响较小，激活函数在线性区域工作。

3.3.4　回声状态网络存在的问题

虽然ESN在很多领域应用比较成功，但是依然还有很多问题亟待解决，这些问题主要体现在最优储备池构建和输出权值训练方法问题。其中对于输出权值训练方法：传统的ESN的输出权值采用线性回归的方法进行训练。

实际上，应用线性回归进行参数率定容易导致病态解问题，使得输出权重能够达到10^8以上，而较大的输出权重则表示模型的泛化能力较差[221]，因此，需要对ESN输出权重的确定方式进行改进以提高ESN泛化能力。

本书主要针对输出权值的训练方法问题进行研究。

3.4　贝叶斯回声状态网络模型

3.4.1　贝叶斯回声状态网络

对于ESN模型给定的输入和储备池状态z及期望输出t，通常选取误差平方和为性能评价函数，即 $E_D = \dfrac{1}{2}\sum\limits_{i=1}^{n}\big[f(\boldsymbol{z}_i;\boldsymbol{W}^{\text{out}}) - t_i\big]^2$。本书依据正则化技术对性能评价函数引入正则项 $E_W = \dfrac{1}{2}\sum\limits_{i=1}^{L}(\boldsymbol{W}_i^{\text{out}})^2$ 而构建总误差函数，定义为

$$F(\boldsymbol{W}^{\text{out}}) = \beta E_D + \alpha E_W \tag{3.7}$$

式中 α、β——超参数。

贝叶斯理论注重于权重在权空间的概率分布[222]。无样本数据时，若 $p(\boldsymbol{W}^{\text{out}})$ 为输出权重的先验概率分布，根据贝叶斯理论，对于给定样本数据集 D，可得输出权重的后验概率分布为

$$p(\boldsymbol{W}^{\text{out}} \mid D) = \frac{p(D \mid \boldsymbol{W}^{\text{out}})p(\boldsymbol{W}^{\text{out}})}{p(D)} \tag{3.8}$$

式中 $p(D \mid \boldsymbol{W}^{\text{out}})$——似然函数；

$p(D)$——归一化因子。

无样本数据时，由于对输出权重分布具有较少的知识，因此，先验分布可认为是一个较宽的分布，一旦有了数据，才可转化为后验分布。为得到后验分布，需先获得先验分布 $p(\boldsymbol{W}^{\text{out}})$ 和似然函数 $p(D \mid \boldsymbol{W}^{\text{out}})$。假定 $p(\boldsymbol{W}^{\text{out}})$ 服从常见的高斯分布，则有

$$p(\boldsymbol{W}^{\text{out}}) = \frac{1}{Z_W(\alpha)}\exp(-\alpha E_W) \tag{3.9}$$

式中 $Z_W(\alpha)$——归一化因子，可用式（3.10）表示：

$$Z_W(\alpha) = \int e^{(-\alpha E_W)}\, d\boldsymbol{W}^{\text{out}} = \left(\frac{2\pi}{\alpha}\right)^{\frac{L}{2}} \tag{3.10}$$

若样本数据是独立选择的，则似然函数 $p(D \mid \boldsymbol{W}^{\text{out}})$ 为

$$p(D \mid \boldsymbol{W}^{\text{out}}) = \frac{1}{Z_D(\beta)}\exp(-\beta E_D) \tag{3.11}$$

式中 $Z_D(\beta)$——归一化因子；假定期望输出 t 由高斯噪声均值为 0 的平滑函数生成，则期望输出 t 的概率为

$$p(t \mid \boldsymbol{z},\boldsymbol{W}^{\text{out}}) \propto \exp\left\{-\frac{\beta}{2}\big[y(\boldsymbol{z};\boldsymbol{W}^{\text{out}}) - t\big]^2\right\} \tag{3.12}$$

则似然函数式（3.11）可写为

$$p(D \mid \boldsymbol{W}^{\mathrm{out}}) = \frac{1}{Z_D(\beta)} \exp\left\{ -\frac{\beta}{2} \sum_{i=1}^{n} \left[f(\boldsymbol{z}_i; \boldsymbol{W}^{\mathrm{out}}) - t_i \right]^2 \right\} \tag{3.13}$$

其中 $Z_D(\beta)$ 可用式（3.14）表示：

$$Z_D(\beta) = \int e^{-\beta E_D} \, dD = \left(\frac{2\pi}{\beta} \right)^{\frac{n}{2}} \tag{3.14}$$

结合式（3.9）和式（3.12），利用似然函数不依赖于 α，先验概率不依赖于 β，可得后验概率分布为

$$p(\boldsymbol{W}^{\mathrm{out}} \mid D) = \frac{1}{Z_M(\alpha, \beta)} \exp(-\beta E_D - \alpha E_W) = \frac{1}{Z_M} \exp[-F(\boldsymbol{W}^{\mathrm{out}})]$$

$$\tag{3.15}$$

其中

$$Z_M(\alpha, \beta) = \int \exp(-\beta E_D - \alpha E_W) \, d\boldsymbol{W}^{\mathrm{out}} \tag{3.16}$$

由于 $Z_M(\alpha, \beta)$ 与 $\boldsymbol{W}^{\mathrm{out}}$ 无关，而式（3.15）作为高微积分，无法直接解析得到，因此求解网络最优输出权重，即通过最小化误差函数 $F(\boldsymbol{W}^{\mathrm{out}})$ 等价于最大化后验概率分布实现。将 $F(\boldsymbol{W}^{\mathrm{out}})$ 在最小值 $\boldsymbol{W}_{MP}^{\mathrm{out}}$ 附近以二阶泰勒级数展开式，可得

$$F(\boldsymbol{W}^{\mathrm{out}}) = F(\boldsymbol{W}_{MP}^{\mathrm{out}}) + \frac{1}{2}(\boldsymbol{W}^{\mathrm{out}} - \boldsymbol{W}_{MP}^{\mathrm{out}}) A (\boldsymbol{W}^{\mathrm{out}} - \boldsymbol{W}_{MP}^{\mathrm{out}}) \tag{3.17}$$

式中　A —— $F(\boldsymbol{W}^{\mathrm{out}})$ 的海森矩阵。

由于以概率形式考虑了参数的不确定性，贝叶斯理论能够克服神经网络模型参数率定的过拟合现象，Nabney[22] 对此进行了详细阐述。假定有两个不同的模型 M_1 和 M_2，且 M_2 比 M_1 拥有更多的模型参数，则依据贝叶斯理论每个模型的后验概率可写为

$$p(M_i \mid D) = \frac{p(D \mid M_i) \, p(M_i)}{p(D)} \tag{3.18}$$

由于 $p(D)$ 与模型相互独立，因此模型比较时可忽略。对于 M_1 和 M_2 一般认为先验分布 $p(M_i)$ 是相同的，可以似然函数 $p(D \mid M_i)$ 进行比

较，则

$$p(D \mid M_i) = \int p(D \mid \boldsymbol{W}, M_i) p(\boldsymbol{W} \mid M_i) \mathrm{d}\boldsymbol{W} \tag{3.19}$$

式中　$p(D \mid \boldsymbol{W}, M_i)$ —— 似然函数；

　　　　$p(\boldsymbol{W} \mid M_i)$ —— 权重后验分布。

由于模型 M_2 较为复杂，最优的参数 $\boldsymbol{W}_{MP}$ 可能更适于数据拟合，因此，后验分布 $p(D \mid \boldsymbol{W}_{MP}, M_2)$ 的峰值大于 $p(D \mid \boldsymbol{W}_{MP}, M_1)$ 的峰值。但是，模型越复杂，对参数调整越敏感，使得 M_2 的后验分布 $\Delta\boldsymbol{W}_{\text{posterior}}$ 比 M_1 的后验分布 $\Delta\boldsymbol{W}_{\text{posterior}}$ 较为狭窄。可直观认为后验分布峰值明显，则式（3.19）的积分近似为

$$p(D \mid M_i) \approx p(D \mid \boldsymbol{W}_{MP}, M_i) p(\boldsymbol{W}_{MP} \mid M_i) \Delta\boldsymbol{W}_{\text{posterior}} \tag{3.20}$$

其中，先验概率 $p(\boldsymbol{W}_{MP} \mid M_i)$ 为某个较大区域 $\Delta\boldsymbol{W}_{\text{prior}}$ 的均匀分布，式（3.20）可简化为

$$p(D \mid M_i) \approx p(D \mid \boldsymbol{W}_{MP}, M_i) \left(\frac{\Delta\boldsymbol{W}_{\text{posterior}}}{\Delta\boldsymbol{W}_{\text{prior}}} \right) \tag{3.21}$$

式（3.21）中，$p(D \mid \boldsymbol{W}_{MP}, M_i)$ 为训练数据在最优权重值处的似然函数，而 $\Delta\boldsymbol{W}_{\text{posterior}} / \Delta\boldsymbol{W}_{\text{prior}}$（小于 1）表示一个使模型具有特定权重后验概率分布的惩罚因子，且与模型参数数目大约呈指数关系，并随着模型逐渐复杂而减小，也即是，该因子惩罚 M_2 超过 M_1，可防止网络复杂时出现过拟合问题。因此，无论神经网络模型多么复杂，基于贝叶斯理论框架能够自动惩罚高度复杂的模型，可避免模型出现过拟合现象[218]。

3.4.2　超参数选择

根据 Laplace 逼近[217]，则网络输出权重的后验概率分布近似为：$p(w \mid D) \approx p(w \mid \alpha^*, \beta^*, D)$。其中：$\alpha^*$ 和 β^* 均表示最优值。因此，为使得输出权重的后验概率最大化，需要获得 α^* 和 β^*。依据文献[217]，可得 α 和 β 的后验分布为

$$p(\alpha, \beta \mid D) = \frac{p(D \mid \alpha, \beta) p(\alpha, \beta)}{p(D)} \tag{3.22}$$

式中　$p(\alpha, \beta)$ —— α 和 β 的先验分布。

由于归一化因子 $p(D)$ 与 α 和 β 是相互独立，则最大化 $p(\alpha, \beta \mid D)$ 等价于

最大化似然函数 $p(D\mid\alpha,\beta)$。考虑到似然函数与 β 相互独立以及先验分布与 α 相互独立,同时结合式 (3.10) 和式 (3.14) 可得

$$p(D\mid\alpha,\beta)=\int p(D\mid \boldsymbol{W}^{\text{out}},\beta)p(\boldsymbol{W}^{\text{out}}\mid\alpha)\mathrm{d}\boldsymbol{W}^{\text{out}}=\frac{1}{Z_D(\beta)Z_W(\alpha)}\int \mathrm{e}^{-M(\boldsymbol{w}^{\text{out}})}\mathrm{d}\boldsymbol{W}^{\text{out}}$$

$$=\frac{Z_M(\alpha,\beta)}{Z_D(\beta)Z_W(\alpha)} \tag{3.23}$$

将 $Z_W(\alpha)$、$Z_D(\beta)$、$Z_M(\alpha,\beta)$ 代入式 (3.23),并取对数,然后分别对 α 和 β 求一阶偏导,可得最优值 α^* 和 β^*:

$$\alpha^*=\gamma/2E_W\ ,\ \beta^*=(n-\gamma)/2E_D \tag{3.24}$$

其中

$$\gamma=\sum_{i=1}^{L}\frac{\lambda_i}{\lambda_i+\alpha}$$

式中　λ_i——误差函数 E_D 海森矩阵的特征值。

3.4.3　模型参数率定

$BESN$ 参数率定步骤如下。

(1) 设置 $BESN$ 相关参数,并初始化权重 $\boldsymbol{W}^{\text{in}}$,$\boldsymbol{W}$ 和 $\boldsymbol{W}^{\text{back}}$。

(2) 依据样本和公式 (3.4),求出储备池状态 $x(k)$。

(3) 初始化超参数 α 和 β 及输出权重 $\boldsymbol{W}^{\text{out}}$。

(4) 依据 α、β、$\boldsymbol{W}^{\text{out}}$ 和公式 (3.17),计算 $F(\boldsymbol{W}^{\text{out}})$。

(5) 使得 $F(\boldsymbol{W}^{\text{out}})$ 最小化,利用 Levenberg – Marquardt 算法求解最优输出权重。

(6) 依据当前输出 $\boldsymbol{W}^{\text{out}}$,计算 E_W 和 E_D,并根据式 (3.24) 更新 α 和 β。

(7) 检验是否满足计算精度要求,若满足,输出最优权重,停止计算;否则,转向④继续迭代计算。

3.5　模型评价指标

采用均方根误差 (RMSE)、确定性系数 (CE)、相关系数 (R) 和相对误差 (MAPE) 4 个常用评价指标,作为模型性能评价标准。各评价指标详见 2.4 节,此处不再赘述。

3.6 应用实例

分别以位于福建省的安砂水库和广东省的新丰江水库为研究对象,对本章所提出的日径流预报模型性能进行验证。因资料所限,本节对于两座水库不考虑雨量站点的分布状况,均采用流域日平均降雨径流数据开展模拟工作。为更好地评测 ESN 及 BESN 的模型性能,采用常用的三层 BP 神经网络模型作为对比,BP 神经网络模型输入输出与 ESN 和 BESN 模型相同,而隐层节点数通过试错法确定。由于本节重点研究标准 ESN 模型的过拟合问题,因此仅主要分析检验段各模型的预测效果。

3.6.1 实例 1——安砂水库日径流预测

沙溪是闽江上游重要支流,河流水系由四面向中部地带汇聚,以九龙溪为干流,主要支流有罗口溪、罗峰溪、长潭溪、文昌溪,其全长 328km,流域面积为 11793km²,占闽江流域面积的 19.33%,流域内年平均降雨量为 1670mm 左右,汛期为 4—6 月。

安砂水库位于沙溪上游,坝址位于永安市安砂镇上游约 1km 九龙峡谷,距永安市区 44km,是沙溪流域的龙头水库;水库控制流域面积为 5184km²,多年平均流量为 160m³/s,年径流量为 50.44 亿 m³,正常蓄水位 265m 时的库容为 6.4 亿 m³,调节库容为 4.4 亿 m³,具有季调节能力;水库大坝按百年一遇频率洪水设计,千年一遇频率洪水校核,装机容量 11.5 万 kW,多年平均年发电量为 6.14 亿 kWh,是福建省电力公司的主要电源之一;水库以防洪、发电为主,兼有灌溉、养殖和改善航运等功能,是闽江支流沙溪流域的龙头水电站。由于受亚热带季风气候影响,流域内汛枯期降雨量变化范围较大,同时水库上游有数座小水电站,其生产经营活动难以有效掌握,致使径流情势比较复杂。

为验证本章所提出的模型性能,选择安砂水库 1999 年 1 月 1 日—2010 年 12 月 31 日的降雨径流资料进行预见期为 1 日的日径流模拟。选择 1999 年 1 月 1 日—2007 年 12 月 31 日共 9 年的降雨径流资料作为训练数据,其余 3 年的资料作为检验数据。

对于神经网络输入确定问题,常用方法主要 3 种,即经验法、相关分析法和互信息法。经验法需要水文技术人员充分掌握所研究流域的降雨径流规律,或者依据经验采用多种输入模式,并依据最优结果确定最优输入。相关分析法主要依据相关系数大小确定影响滞时[223],此方法简单易于操作。相对于前两者,互信息法应用相对较少,此处不再简述。由于相关分析所得滞时是基于简单的统计方法，而降雨-径流形成机制具有复杂的非线性关系，因此，利用相关分析法所得结果未必是模型的最优输入模式。本章采用经验法和相关分析相结合的方式，即首先采用相关分析确定预报因子；其次针对所得预报因子，在滞时附近，生成多种组合输入模式；然后以 BP 神经网络为基准测试模型，即可确定最优的模型输入方式。

图 3.5 为安砂水电站日降雨-径流过程自相关（ACF）、偏自相关（PACF）和交叉相关分析（CCF）结果。图 3.5 中 ACF 函数值虽未落入置信区间内，但其具备逐渐递减趋势，表现出一定的"拖尾性"，而 PACF 函数在滞时为 4 日时即落入 95％置信区间，表现"截尾性"，因此可选择前 3 日径流作为预报因子；对 CCF 函数，在滞时为 5 日时，相关变化趋缓，可认为降雨滞时为 5，则选作前 5 日及当前日共 6 日降雨作为预报因子。以 3 日径流和 6 日降雨预报因子为基础，在滞时附近分别测试多种输入模式，依据 BP 神经网络模型性能，最终确定的输入因子为 2 日降雨和 3 日径流数据。

对于 BP 神经网络模型，确定模型结构为 5 - 10 - 1。对于 BESN 模型，采用与 ESN 模型相同的模型结构，依据试验选择储备池维数为 100，稀疏连接设置为 5％，连接权重谱半径选为 0.85，储备池激活函数为双曲正切函数。

图 3.6 为安砂水库检验段各模型日径流预测结果对比。从图 3.6 可看出，除个别峰值点预测略有明显偏差外，3 种模型大致上均能提供较为满意的预测结果。为了进一步评价模型性能，图 3.7 给出了检验段各模型预测值与实际值的散点图。从图 3.7 中可看出，当实测流量大约低于 $800\text{m}^3/\text{s}$ 时，3 种模型预测值的离散性非常接近；当实测流量大于等于 $800\text{m}^3/\text{s}$ 时，BP 神经网络和 ESN 模型相比 BESN 模型具有较大的离散性，表明 BESN 模型具有更好的预测效果。

为直观理解各模型的预测精度，图 3.8 给出了各模型在检验段各时段的预测绝对误差。结合图 3.6，从图 3.8 整体上可看出，BESN 的预测误差分布相对比较均匀，尽管一些较大流量值的预测误差值较大，但与 BP 神经网络和 ESN 模型的预测误差相比，BESN 模型的预测误差仍然可以接受。为进一步量化评价各模型性能，表 3.1 给出了各模型在率定和检验段的指标统计。在训练段，ESN 模型各统计指标均优于 BP 神经网络。尽管 BESN 模型的 $RMSE$ 值比 BP 神经网络模型的 $RMSE$ 值略差，但其 CE、R 和 $MAPE$ 值则非常接近或优于 BP 神经网络的 CE、R 和 $MAPE$ 值；与 ESN 模型相比，BESN 模型除指标 R 非常相近外，其余指标均稍劣于 ESN 模型。在检验段，

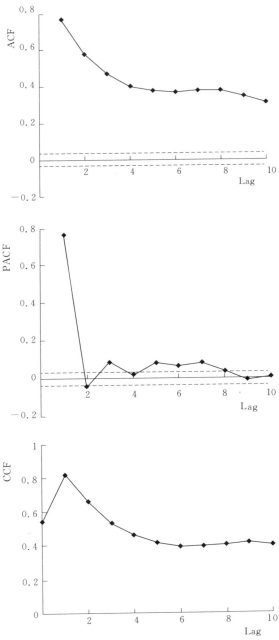

图 3.5 安砂水电站日降雨-径流相关分析

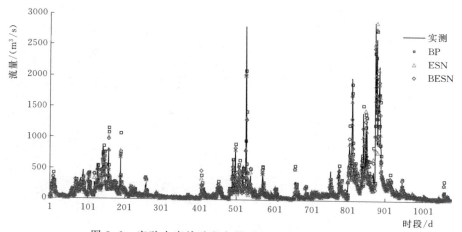

图 3.6　安砂水库检验段各模型日径流预测结果对比

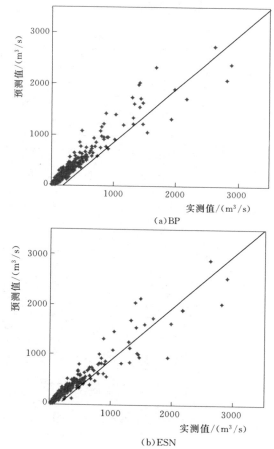

（a）BP

（b）ESN

图 3.7（一）　安砂水库检验段各模型日径流预测散点图

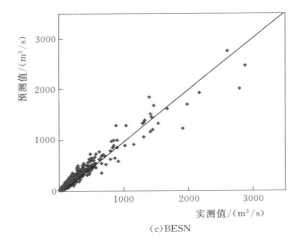

（c）BESN

图 3.7（二）　安砂水库检验段各模型日径流预测散点图

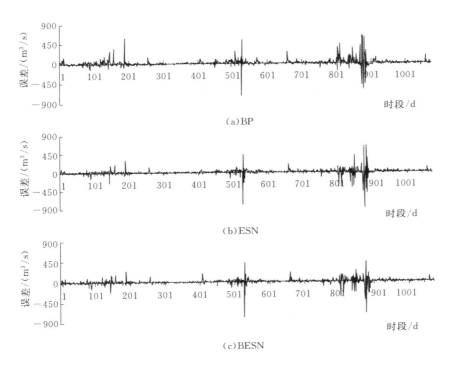

（a）BP

（b）ESN

（c）BESN

图 3.8　安砂水库检验段各模型日径流预测误差

ESN 模型与 BP 神经网络相比，并不具有优势；由于可能受到流域降雨-径流形成要素、输入因子选择、模型结构及模型泛化能力等复杂因素影响，BP 神经网络模型在 RMSE 和 CE 两指标方面略优于 ESN 模型，而 ESN 模型在 R 和 MAPE 两指标方面优于 BP 神经网络。BESN 模型各统计指标相对于 BP 神经网络和 ESN 模型优势均比较明显，其中，与 BP 神经网络模型相比，BESN 模型在 RMSE、CE、R 和 MAPE 指标方面分别提高了 15.8%、2.7%、4.7% 和 36.3%；与 ESN 模型相比，BESN 模型在 RMSE、CE、R 和 MAPE 指标方面分别提高了 20.1%、3.5%、1.8% 和 2.9%；此外，在峰值预测方面，BP 神经网络、ESN 和 BESN 的预测误差分别为 21.4%、21.6% 和 15.5%。从统计指标看，安砂水库实例应用中，BESN 模型优于 ESN 模型和 BP 神经网络模型，而 BP 神经网络模型和 ESN 模型相比预测性能无明显差别。

表 3.1　安砂水库日径流预测各模型参数率定及检验段的指标统计

模　型	训　练　段				检　验　段			
	RMSE	CE	R	MAPE/%	RMSE	CE	R	MAPE/%
BP	53.51	0.948	0.962	26.17	74.92	0.919	0.929	32.24
ESN	50.17	0.955	0.977	18.13	78.98	0.911	0.955	21.13
BESN	55.57	0.942	0.971	19.05	63.08	0.944	0.972	20.53

3.6.2　实例 2——新丰江水库日径流预测

新丰江是东江上游的一条重要支流，位于右岸，于河源县城汇入东江。全长 163km，流域面积 5813km²，占东江流域面积的 16.4%，流域内年平均降雨量为 1800mm 左右。汛期为 4—9 月份。

新丰江水库位于东江支流新丰江上，距河源市 6km，水库控制流域面积为 5734km²，多年平均流量为 192m³/s，平均年径流深为 1087.5mm，年径流量为 62.2 亿 m³。库容为 139 亿 m³，具有多年调节能力；水库装机容量为 33.5 万 kW，多年平均发电量为 9.9 亿 kWh，是广东电网的主要调峰、调频电源之一。水库以发电为主，兼顾防洪、供水、压咸和改善航运等功能。与安砂水库类似，新丰江水库同样受亚热带季风气候影响，流域内汛枯期降雨量变化范围较大，同时水库上游流域内也有数座小水电站，致使径流情势比较复杂。

选择新丰江水库 1999 年 1 月 1 日—2010 年 12 月 31 日的降雨径流资料进

行预见期为 1 日的日径流模拟。选择 1999 年 1 月 1 日—2007 年 12 月 31 日共 9 年的降雨径流资料作为训练数据，其余 3 年的资料作为检验数据。

同样采取相关分析和经验法相结合的方式生成多种多种组合输入模式；然后以 BP 神经网络为基准测试模型，确定最优的模型输入方式。

图 3.9 为新丰江水库日降雨-径流过程自相关、偏自相关和交叉相关分析结果。图 3.9 中 ACF 函数值虽未落入置信区间内，但其具备逐渐递减趋势，表现出一定的"拖尾性"，而 PACF 函数在滞时为 3 日时即落入 95％置信区间，表现"截尾性"，因此可选择前 2 日径流作为预报因子；对 CCF 函数，在滞时为 4 日时，相关变化趋缓，可认为降雨滞时为 4，则选作前 4 日及当前日共 5 日降雨作为预报因子。以 2 日径流和 5 日降雨预报因子为基础，同样在滞时附近分别测试多种输入模式，依据 BP 神经网络模型性能，最终确定的输入因子为 5 日降雨和 4 日径流数据。

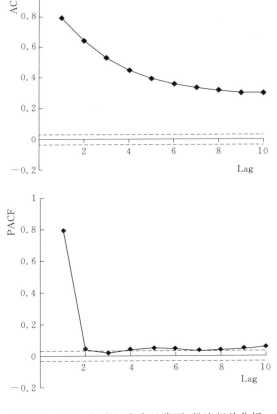

图 3.9（一） 新丰江水库日降雨-径流相关分析

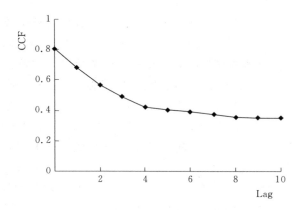

图 3.9（二）　新丰江水库日降雨-径流相关分析

对于 BP 神经网络模型，确定模型结构为 5 - 9 - 1。ESN 和 BESN 采用相同的模型结构，依据试验选择储备池维数为 80，稀疏连接设置为 5%，连接权重谱半径选为 0.8，储备池激活函数为双曲正切函数。

图 3.10 为新丰江水库检验段各模型日径流预测结果对比。从图 3.10 可看出，除个别峰值点预测略有明显偏差外，3 种模型大致上均能提供较为满意的预测结果。图 3.11 给出了检验段各模型预测值与实际值的散点图。从图 3.11 中可看出，当实测流量大约低于 500m³/s 时，BP 神经网络预测值的离散性略大于 ESN 和 BESN 预测值的离散性，而 ESN 和 BESN 相比模型预

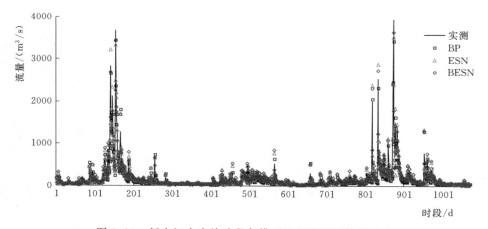

图 3.10　新丰江水库检验段各模型日径流预测结果对比

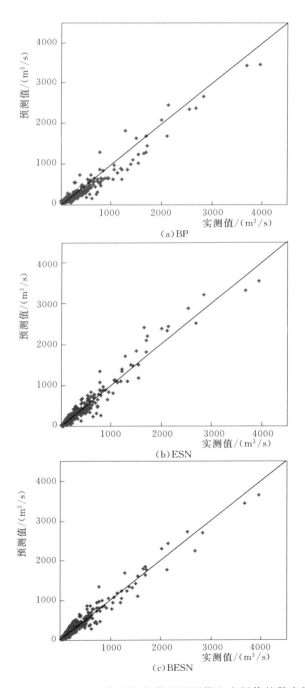

图 3.11　新丰江水库检验段各模型预测值和实际值的散点图

测性能差别不大；当实测流量大于等于 $500\mathrm{m}^3/\mathrm{s}$ 时，BP 神经网络与 ESN 模型预测的离散性相近，但两者的离散性略大于 BESN 模型的离散性，总体表明 BESN 模型预测效果较好。

图 3.12 给出了新丰江水库检验段各模型日径流预测绝对误差。结合图 3.10，从图 3.12 整体上可看出，BESN 的预测误差分布相对比较均匀，尽管一些较大流量值的预测误差较大，但与 BP 神经网络和 ESN 模型的预测误差相比，BESN 模型的预测误差仍然可以接受。表 3.2 给出了各模型参数在率定和检验段的性能统计。在训练段，ESN 模型除指标 R 与 BP 神经网络模型接近外，其余指标均明显优于 BP 神经网络模型。BESN 模型在 $RMSE$、CE、R 和 $MAPE$ 4 个统计指标方面均优于 BP 神经网络模型；与 ESN 模型相比，BESN 模型除指标 CE 和 R 非常相近外，其余两指标均稍劣于 ESN 模型。在检验段，除指标 R 外，ESN 模型在指标 $RMSE$、CE 和 $MAPE$ 方面均明显优于 BP 神经网络模型，分别提高了 15.9%、2.4% 和 30.3%；BESN 模型在统计指标 $RMSE$、CE 和 $MAPE$ 方面相对于 BP 神经网络和 ESN 模型优势均比较明显，其中，与 BP 神经网络模型相比，BESN 模型在指标 $RMSE$、CE 和 $MAPE$ 方面分别提高了 26.3%、3.8% 和 33.4%；与 ESN 模型相比，BESN 模型在指标 $RMSE$、CE 和 $MAPE$ 方面分别提高了 12.4%、1.4% 和 4.4%；在峰值预测方面，BP 神经网络、ESN 和 BESN 的预测误差分别为 26.0%、

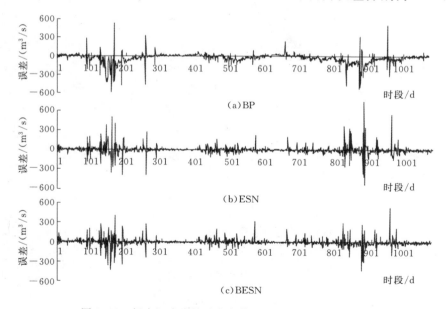

图 3.12　新丰江水库检验段各模型日径流预测绝对误差

13.2%和11.5%。从统计指标看，新丰江水库实例应用中，BESN模型优于ESN模型和BP神经网络模型，ESN模型优于BP神经网络模型。

综合以上两个实例，BESN模型预报精度相比BP神经网络和ESN模型具有一定程度的提高。为表明本书重点关心的过拟合问题，可对ESN和BESN两个模型再次进行分析，从表3.1和表3.2中可看出，虽然ESN模型在训练段结果较优，但在检验段各指标明显劣于BESN模型，这个结果可以从图3.8、图3.9、图3.11和图3.12中进一步得到证实。主要原因可归结于：ESN模型采用了传统性能评价函数，将模型参数率定假定为确定性问题，较少考虑模型泛化能力；而BESN模型在整个权重空间内考虑了模型参数的不确定性，通过对传统目标函数引入正则项而构建新的目标函数，并依据贝叶斯理论将其转化为求解权重后验概率分布最大化问题。考虑权重在权空间的概率密度分布使得BESN模型具有更好的泛化能力，能够模拟复杂的日降雨-径流过程，并能提供较好的预测精度，因此，BESN模型是一种有效、可行的预报方法。

表3.2　　　新丰江水库日径流预报各模型参数率定及检验性能统计

模　型	训　练　段				检　验　段			
	$RMSE$	CE	R	$MAPE/\%$	$RMSE$	CE	R	$MAPE/\%$
BP	92.43	0.917	0.976	40.56	86.42	0.925	0.970	33.04
ESN	66.44	0.958	0.979	23.84	72.71	0.947	0.972	23.02
BESN	68.68	0.955	0.977	24.73	63.70	0.960	0.980	22.01

3.7　小结

受传统水文模型预报能力限制，目前日径流预报精度依然有限，离满足实际生产需求还有一定差距。针对日径流预报问题，本书利用递归神经网络开展研究，相比静态神经网络，递归神经网络在模拟日降雨-径流过程方面具有理论优势，但由于传统递归神经网络存在参数率定耗时长等缺陷，限制了其在径流预报领域的推广应用。回声状态网络（ESN）作为一种新的递归神经网络，虽然具有模型简单、参数训练速度快的优点，但应用标准ESN模型进行日径流预测时，其模型参数常由线性回归方法获得，容易出现过拟合问题，致使模型预测精度降低。针对此问题，本章提出了基于贝叶斯回声状态网络（BESN）的日径流预报模型，主要结论如下。

（1）将贝叶斯理论和ESN相结合，针对ESN的传统性能评价函数引入正则项，依据权重后验概率密度最大化而获得最优输出权重，避免了模型参数率定过程中发生的过拟合问题，提高了 BESN 模型的泛化能力；同时为获取 BESN 的最优超参数，给出了相应的计算流程。

（2）安砂和新丰江两座水库的日径流实例预报结果表明，BESN 模型比传统 BP 神经网络和标准 ESN 模型具有更好的预报精度，是一种有效、可行的日径流预报方法，可为制定合理的水电中期调度方案提供重要依据。

第 4 章　梯级水电站群长期优化调度并行混合差分演化算法

4.1　引言

　　梯级水电站群之间存在复杂的水力联系和电力联系，其优化调度问题是一个具有多阶段、多变量、多约束等特点的复杂非线性优化调度问题。随着我国水电建设的快速发展，梯级水电站群的规模越来越大，其水力和电力联系愈加复杂，使得水电系统优化求解问题变得非常困难。水电优化调度问题的传统求解方法主要有线性规划、非线性规划、动态规划等，但在求解大规模复杂水电系统时，这些方法存在一些缺陷，如线性优化需要对非线性问题进行线性化处理，可能导致优化结果偏离问题实际；非线性规划需要对模型进行简化，易导致求解精度降低；动态规划则面临"维数灾"问题等。近年来，随着优化技术的发展，群体智能算法如遗传算法、粒子群算法、差分演化算法等逐渐被引入到梯级水电站群调度领域并得到广泛研究。

　　差分演化算法（Differential Evolution，DE）是由 Storn 和 Price 于 1995年提出的一种群体智能算法，具备控制参数少、鲁棒性强等优点，其实质是一种具有保优思想采用实数编码的贪婪进化算法，已被应用于求解负荷分配、多目标优化、模型参数率定等问题，在水库调度领域，也有较多研究得到报道。在标准差分演化算法种群进化过程中，种群规模大小、初始种群生成策略、缩放因子和交叉因子选择以及进化个体选择操作对算法寻优结果影响较大，容易陷入局部最优，因而选取合理的种群规模和初始种群生成方法、合适的缩放因子和交叉因子以及进化个体选择策略是保证算法收敛性能的必要条件。目前多针对控制参数（主要指缩放因子和交叉因子）采取调整策略，如自适应柯西变异策略[224]和基于余弦函数调整策略和综合分布参数概念的自适应调整策略[225]。总体而言，在对差分演化算法改进时，将其与其他理论方法相结合是重要研究方向之一。混沌理论（Chaos theory）因具有较强的随机性和遍历性等优点，常被应用于混合智能算法以获得较好的算法性能，根据已有研究，采用混沌理论与差分演化算法相结合，能够增强差分演化算法的寻优性能[226]；根据模拟退火算法（Simulated Annealing，SA）局部搜索能力较强的特点，采用模拟退火算法中的 Metropolis 准则替代标准差分演化算法中的选择操作，可有效避免差分演化算法陷入局部最优；此外，在群体算法中，种群规模增大，有利于寻优，但会增加系统计算负担，随着计算机技术的发展，并行技术已被应用于求解梯级水电站群优化调度问题。

　　针对以上问题，本章提出了水电站群长期优化调度并行混沌模拟差分演化算法（PCSADE），即采用混沌理论生成差分演化算法初始种群且动态调整差分演化算法的控制参数，并应用模拟退火算法 Metropolis 准则依据一定的概率保留劣解，同时，结合 Fork/Join 并行技术进行并行计算。以红水河梯级水电站群长期优化调度为实例，对本章所提算法进行验证，结果表明，PCSADE 是一种有效可行的求解方法，采用的并行技术能够明显缩短算法的计算时间和提高求解质量。

4.2　长期优化调度问题描述

　　本章以发电量最大为目标建立数学模型，可描述为：在调度期内各电站入库流量过程及始末控制水位已知，在满足各电站运行约束以及系统约束的情况下，使调度期内水电站群的发电总量达到最大。

4.2.1　目标函数

$$\max E = \sum_{t=1}^{T} \sum_{i=1}^{M} p_{i,t} \Delta t \tag{4.1}$$

式中　　E ——调度期内总发电量；

　　　　T ——调度期内总长度；

　　　　M ——水电站群总数；

　　　　Δt —— t 时段内的小时数；

　　　　$p_{i,t}$ —— i 电站 t 时段内的平均出力。

4.2.2　约束条件

　　（1）水量平衡约束：

$$V_{i,t+1} = V_{i,t} + (Q_{i,t} - R_{i,t}) \times \Delta t \times 3600 \tag{4.2}$$

$$Q_{i,t} = Q_{i,t}^{in} + \sum_{k=1}^{K} R_{i,t}^{k} \tag{4.3}$$

$$R_{i,t} = q_{i,t} + S_{i,t} \tag{4.4}$$

式中 $V_{i,t}$、$V_{i,t+1}$ —— i 电站 t 时段初、末的蓄水量；

$Q_{i,t}$、$R_{i,t}$、$Q_{i,t}^{in}$、$q_{i,t}$ 和 $S_{i,t}$ —— i 电站 t 时段的入库流量、出库流量、区间流量、发电流量和弃水流量；

       K —— i 电站上游出库直接流入的电站总数；

      $R_{i,t}^k$ —— i 电站上游第 k 个电站 t 时段的出库流量。

（2）发电流量约束：

$$\underline{q}_{i,t} \leqslant q_{i,t} \leqslant \bar{q}_{i,t} \tag{4.5}$$

式中 $\bar{q}_{i,t}$、$\underline{q}_{i,t}$ —— i 电站 t 时段发电流量的上下限。

（3）出库流量约束：

$$\underline{R}_{i,t} \leqslant R_{i,t} \leqslant \bar{R}_{i,t} \tag{4.6}$$

式中 $\bar{R}_{i,t}$、$\underline{R}_{i,t}$ —— i 电站 t 时段发电流量的上下限。

（4）水位约束：

$$\underline{Z}_{i,t} \leqslant Z_{i,t} \leqslant \bar{Z}_{i,t} \tag{4.7}$$

式中 $\bar{Z}_{i,t}$、$\underline{Z}_{i,t}$ —— i 电站 t 时段发电流量的上下限。

（5）始末水位控制：

$$Z_{i,0} = Z_{i,\text{beg}} , Z_{i,T} = Z_{i,\text{end}} \tag{4.8}$$

式中 $Z_{i,\text{beg}}$、$Z_{i,\text{end}}$ —— m 电站调度期内给定的始末水位。

（6）出力约束：

$$\underline{p}_{i,t} \leqslant p_{i,t} \leqslant \bar{p}_{i,t} \tag{4.9}$$

式中 $\bar{p}_{i,t}$、$\underline{p}_{i,t}$ —— i 电站 t 时段发电流量的上下限。

（7）保证出力约束：

$$\sum_{i=1}^{M} p_{i,t} \geqslant P_g \tag{4.10}$$

式中 P_g ——系统保证出力，MW。

4.3　标准差分演化算法

差分演化算法是一种具有保优思想采用实数编码的贪婪进化算法，通过群体内的竞争与合作实现对优化问题的求解[153]。假定种群规模为 M ，待优化问题的维数为 D ，则种群个体可表示为

$$X_i^g = \left[x_{i,1}^g, x_{i,2}^g, \cdots, x_{i,j}^g, \cdots, x_{i,D}^g \right], i \in \{1,2,\cdots,M\}, j \in \{1,2,\cdots,D\}$$

(4.11)

式中　　g——进化代数；

X_i^g——种群第 g 代第 i 个个体。

差分演化算法是一种并行直接搜索算法，在整个参数空间内，依据均匀概率分布随机生成初始群体。任意选择两个个体的差分向量，加权后与第三个个体按一定的规则求和而构成新的个体，然后将新个体与预先确定的目标个体进行交叉操作产生试验个体。如果试验个体目标值优于目标个体的目标值，则利用试验个体代替目标个体，然后进入下一代操作。在每一代计算中，每一个个体均会被选作目标个体并与试验个体进行比较。

与遗传算法相似，差分演化算法也包含选择、交叉和变异 3 种基本操作，但其操作顺序为变异、交叉和选择，同时每一种的操作内容也有所区别。具体介绍如下。

1. 变异操作

变异操作是通过将上一代种群中的不同个体进行差分组合实现对每个个体 X_i^g 进行变异，其有多种变异方法，本书采用变异方式为

$$V_i^{g+1} = X_{r_3}^g + F \cdot (X_{r_2}^g - X_{r_1}^g), r_1,r_2,r_3 \in \{1,2,\cdots,M\}, i \neq r_1 \neq r_2 \neq r_3$$

(4.12)

式中　　　　　　F——缩放因子；

V_i^{g+1}——变异产生的新个体；

$X_{r_2}^g - X_{r_1}^g$——差分向量；

$X_{r_1}^g$ 、$X_{r_2}^g$ 和 $X_{r_3}^g$——父代个体。

2. 交叉操作

对变异产生的新个体 V_i^{g+1} 与父代个体 X_i^g 进行交叉操作生成试验个体 U_i^{g+1} ，可按式（4.13）进行：

$$u_{i,j}^{g+1} = \begin{cases} v_{i,j}^{g+1}, & rand(0,1) < C_R \text{ or } j = j_{rand} \\ x_{i,j}^g, & \text{otherwise} \end{cases},$$

$$j \in \{1,2,\cdots,D\} \tag{4.13}$$

式中　$rand(0,1)$——第 j 次在［0，1］范围内的均匀随机数；

C_R——交叉因子；

j_{rand}——$[1,D]$ 范围内的随机整数。

3. 选择操作

差分演化算法采用最优保存策略，对当代个体 X_i^g 和试验个体 U_i^{g+1} 按照适应度大小进行竞争，较优者进入下一代种群，即

$$X_i^{g+1} = \begin{cases} X_i^g, & f(X_i^g) > f(U_i^{g+1}) \\ U_i^{g+1}, & \text{otherwise} \end{cases} \tag{4.14}$$

算法基本计算流程如图 4.1 所示。

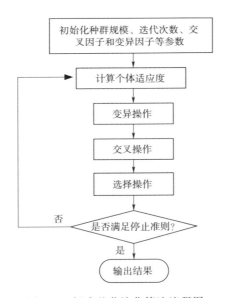

图 4.1　标准差分演化算法流程图

4.4　标准差分演化算法改进策略

4.4.1　混沌理论

混沌理论兴起于 20 世纪 60 年代，然后迅速发展成为一门新的理论，并在

物理、气象、力学等诸多领域得到广泛研究。混沌具有较强的遍历性、随机性以及初始敏感性等特点，混沌运动能在一定范围内按其自身的规律不重复的遍历所有状态[227]。混沌优化即利用混沌映射产生的混沌序列通过载波的形式把待优化变量转化到混沌变量空间，该空间的取值范围与待优化变量的解空间相同，然后按照混沌变量的随机、规律等特性在解空间进行遍历搜索，最后将得到的解线性地转化到待优化变量空间。这种直接依靠混沌变量按其自身规律进行搜索的方式显得更为高效，因此，混沌优化能够使得算法易跳出局部最优，提高寻优效率，将混沌理论应用于优化算法具有一定的优越性，能够改进差分演化算法的局部寻优能力。

混沌理论有多种数学表述模式，其中 logistic 和 tent 是两种比较常用的模式。logistic 映射如式（4.15）所示：

$$x_{n+1} = \lambda \cdot x_n(1 - x_n), \ x_n \in [0, 1] \tag{4.15}$$

式中 λ——控制参数，取值范围为 $[0, 4]$。

当 $\lambda = 4$ 时，系统处于完全混沌状态。λ 的初始取值不能为 0、0.25、0.5、0.75 和 1。

相比 logistic 映射，tent 映射具有更好的遍历性以及更高的效率[228]。因此，本书采用 tent 映射形式，其表达式为

$$x_{n+1} = \begin{cases} 2x_n, \ 0 \leqslant x_n \leqslant 0.5 \\ 2(1 - x_n), \ 0.5 < x_n \leqslant 1 \end{cases} \tag{4.16}$$

文献 [229] 对式（4.16）进行了改进，解决了 tent 映射迭代序列中存在的小周期和不稳周期点等问题，即

$$x_{n+1} = \begin{cases} 2[x_n + 0.1 \times rand(0,1)], \ 0 \leqslant x_n \leqslant 0.5 \\ 2[1 - (x_n + 0.1 \times rand(0,1))], \ 0.5 < x_n \leqslant 1 \end{cases} \tag{4.17}$$

图 4.2 为初始取值 $x_0 = 0.4$、$n = 500$ 的 tent 动态映射图，可看出 tent 映射具有较好的多样性及遍历性。

4.4.2 基于 tent 映射的初始解生成和差分演化控制参数动态调整策略

混沌理论与差分演化算法的结合主要分 3 种形式[230]：一是采用混沌理论生成初始种群；二是采用混沌理论动态调整差分演化算法的控制参数；三是基于混沌理论的进化操作。对于优化问题求解，一般采用随机方法生成初始解，但对于复杂优化问题，随机方法生成的初始解难以保证初始种群的差异性和多样性，影响算法的寻优性能，而采用混沌理论能较好地解决这一问题。在标准差分演化算法中，一般依据经验设置固定的交叉因子 C_R 和缩放因子 F，但这

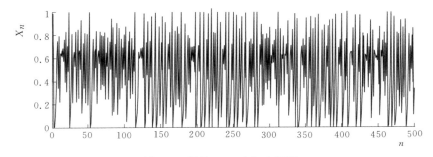

图 4.2 混沌 tent 动态映射图

两个控制参数对算法的寻优性能影响较大,容易使算法陷入局部最优。在优化过程中,混沌理论随机性和遍历性强,能够根据算法寻优中的实际状态自适应地调整控制参数,不仅能够克服人工经验设置存在的弊端,而且能够提高算法的全局收敛性能。在标准差分演化算法进化过程中,算法后期收敛速度趋于缓慢,容易陷入局部最优。当算法目标函数连续几代不发生变化时,可采用混沌理论重新生成部分个体或者针对最优个体基于混沌邻域搜索技术进行计算,则有助于算法避免陷入局部最优。

本书采用前两种方式对标准差分演化算法进行改进,即利用混沌理论生成初始种群以提高种群的差异性和多样性,以及利用混沌理论动态调整差分演化的控制参数以提高算法的全局收敛性能。

对于初始种群生成,主要分为三步

(1)在(0,1)范围内生成第一个初始序列;

(2)以第一个初始序列为基础,基于 tent 映射策略依次生成多个序列组成混沌矩阵;

(3)以水位为状态变量,将混沌矩阵在水位变化范围内进行转换即可得到初始种群。

对于生成的个体若未满足水量平衡等约束,有两种处理方式:一是以可行解的上限或下限作为新的个体;另一种方式是在可行解的范围内重新生成个体。本书采用第二种方式进行处理。

基于 tent 映射依据式(4.17)对控制参数进行动态调整,调整策略为

$$F^{g+1} = \begin{cases} 2[F^g + 0.1 \times rand(0,1)], & 0 \leqslant F^g \leqslant 0.5 \\ 2\{1 - [F^g + 0.1 \times rand(0,1)]\}, & 0.5 < x_n \leqslant 1 \end{cases} \quad (4.18)$$

$$C_R^{g+1} = \begin{cases} 2[C_R^g + 0.1 \times rand(0,1)], & 0 \leqslant C_R^g \leqslant 0.5 \\ 2\{1 - [C_R^g + 0.1 \times rand(0,1)]\}, & 0.5 < C_R^g \leqslant 1 \end{cases} \quad (4.19)$$

其中：F 和 C_R 的初始值在 (0, 1) 范围内随机生成。

4.4.3　基于模拟退火算法的局部搜索策略

　　模拟退火算法[231]是根据物理系统中的固体退火机制而提出的具有较强局部搜索能力的优化算法，通过模拟物理逐步降温而获得优化问题的全局最优解。算法的基本求解思路为：首先在初始时刻设置一个较高的系统初始温度；其次在优化计算中，随着迭代次数的增加，系统温度不断下降，而且在每次的迭代计算中依据 Metropolis 准则，以一定的概率接受劣解，并以此确立新可行解，使得算法能够以概率 1 接近最优值。由于它以一定的概率接受劣解，避免陷入局部最优值，若无 Metropolis 准则，算法不能收敛至真正的最优解[232]。与其他搜索算法相比，模拟退火算法具有以下特点：（1）以一定的概率接受恶化解；（2）引进算法控制参数；（3）使用对象函数值进行搜索；（4）隐含并行性；（5）搜索复杂区域。

　　常规模拟退火算法流程图见图 4.3。

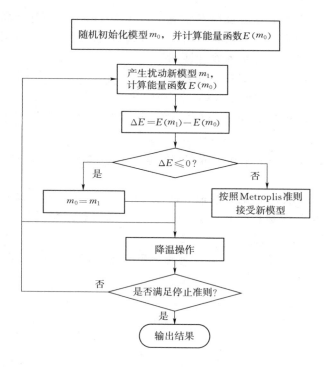

图 4.3　常规模拟退火算法流程图

4.4.4　混沌模拟退火差分演化算法的基本流程

以目标函数最大为适应度的混沌模拟退火差分演化算法（CSADE），基本计算过程如下，计算流程图见图4.4。

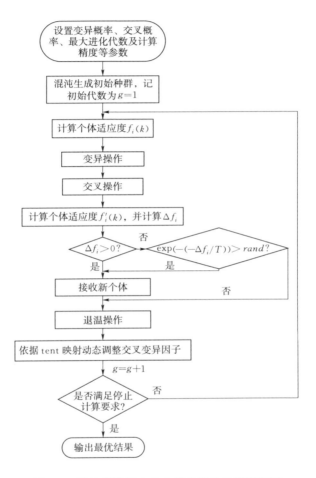

图 4.4　混沌模拟退火差分演化算法计算流程图

（1）设置差分演化算法种群规模 M、缩放因子 F、交叉概率 C_R、最大进化代数 G 以及模拟退火算法初始温度 T_0 和退火系数 c 等参数，采用混沌理论生成初始种群。

（2）针对每个个体 X_i^g，计算个体适应度 $f_i(k)$，其中 k 为进化代数。

（3）依据式（4.12）和式（4.13）分别进行变异操作和交叉操作。

（4）针对变异和交叉操作产生的试验新个体 U_i^{g+1}，计算个体适应度

$f'_i(k)$ 及目标函数差值 Δf_i；若 $\Delta f_i > 0$ 则接受新个体；否则执行 Metropolis 准则，若 $\exp(-(-\Delta f_i/T)) > rand$，则接受新个体，否则转入步骤（5）。

（5）执行退温操作，令 $T_{g+1} = cT_g$。

（6）依据 tent 映射，应用式（4.17）和式（4.18）动态调整交叉变异因子。

（7）判断算法是否满足停止计算准则，若满足，则退出计算，否则令 $g = g+1$，转步骤（2）。

4.5　基于 Fork/Join 并行框架的多核并行混沌模拟退火差分演化算法（PCSADE）

4.5.1　Fork/Join 并行框架

现今多核电脑已成为计算机硬件技术的主流，开展多核并行计算技术的研究与应用已成为必然趋势。多核并行计算技术经过不断的发展与完善，已形成多种成熟的并行框架，主要有 MPI、OpenMP 和 Fork/Join 等。开展多核并行计算，选择合适的并行框架至关重要，主要取决于平台兼容性、源码支持类型等因素。由于本章算法采用 Java 语言实现，而 Fork/Join 多核并行框架是基于 Java 语言编写的，因此，比较适用于开展本书多核并行计算研究。

Fork/Join 是一种基于分治策略来处理大规模计算，可以充分利用多核 CPU 处理并行计算[233, 234]的框架。该框架的基本思路是采用递归方法将复杂任务分解为多个规模较小、相互独立的子任务进行求解，然后通过合并所有子问题的解即可得到最终结果。由于各子任务相互独立，利用多线程在多核 CPU 上同时执行多个子任务，可充分利用计算机硬件资源，提高计算效率。Fork/Join 递归分解执行过程如图 4.5 所示。针对复杂任务 Task0，采用分治策略将其分为多个子任务，若子问题的规模小于等于阈值，则提交给线程执行任务，否则继续划分子任务，直到各子任务规模小于等于阈值为止。当所有子任务执行完毕后，向上返回结果并进行合并，即可获得 Task0 的返回结果。

在 Java 7 中，利用 Fork/Join 框架开展程序设计时，需主要依据 ForkJoinTask 和 ForkJoinPool 两个类。其中，ForkJoinTask 主要负责对任务大小进行判定、划分任务以及将子任务分配给线程等操作；ForkJoinPool 类实现了

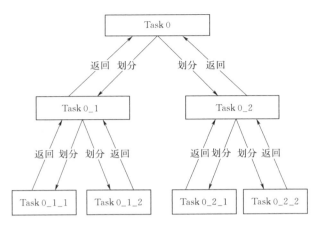

图 4.5 Fork/Join 递归分解执行模型

ExecutorService 和工作窃取算法，管理工作的线程，并提供任务的状态信息，以及任务的执行信息，采用线程池的方式完成任务的执行。

4.5.1.1 ForkJoinTask

使用 Fork/Join 框架执行任务，首先要建立一个任务类来表示程序中具体执行的任务内容。ForkJoinTask 类提供了 RecursiveAction 和 RecursiveTask 两个子类分别用来创建无返回值和有返回值的任务。ForkJoinPool 类是 Fork-JoinTask 实例的执行者，ForkJoinPool 的主要任务就是"工作窃取"，其线程尝试发现和执行其他任务创建的子任务。ForkJoinTask 实例与普通 Java 线程相比是非常轻量的。一旦 ForkJoinTask 被启动，就会启动其子任务并等待它们执行完成。执行者 ForkJoinPool 负责将任务赋予线程池中处于等待任务状态的另一线程。线程池中的活动线程会尝试执行其他任务所创建的子任务。ForkJoinPool 会尝试在任何时候都维持与可用的处理器数目一样数目的活动线程数。ForkJoinTask 有两个主要的方法：fork（）方法决定了 ForkJoinTask 的异步执行，凭借这个方法可以创建新的任务；join（）方法即当一个主任务等待其创建的多个子任务的完成执行。程序员在创建任务类时，要根据该任务有无返回值选择继承 RecursiveAction 类或 RecursiveTask 类。当任务类创建完毕后需要重写父类中的 compute（）方法。compute（）方法中的内容是 Fork/Join 框架的核心内容，一般情况下 compute（）方法中主要包含为以下三方面内容：

（1）判定：在 compute（）方法中，首先要对任务的大小以及程序中的线程个数进行判定，在程序设计中，通常用任务中的数据大小来表示任务的规模。如果任务中的数据小于程序员设定的临界值或程序中只有一个线程，就单线程执行程序，不进行任务划分。如果任务中的数据大于临界值，就要对数据进行递归分解。

（2）数据分解：根据硬件线程数对数据区间进行等量划分，将任务中的数据区间划分成多个相互独立各不相同的子数据区间。

（3）数据区间的分配：当任务中的数据区间完成划分后，将所有的子数据区间分配给每一个线程。此外，在 Fork/Join 框架中，临界值是决定 Fork/Join 框架执行时间的关键因素。临界值设置过大，会使得任务的数据区间太大，从而使程序的执行时间相对于单线程而言并不会有明显的提高；如果临界值设置过小，划分的子任务个数就会过多，程序会在子任务的管理与调度方面耗费一定的时间，从而使程序的性能也不会有明显提升，甚至不如顺序执行时间短。因此，需要经过大量的实验与对比来设定一个合适的临界值。

4.5.1.2　ForkJoinPool

任务类创建完毕后，由 ForkJoinPool 类负责执行任务。ForkJoinPool 采用线程池的方式来完成任务的执行与管理，程序员只需要将创建好的任务类提交给 ForkJoinPool 中的线程池即可，对于线程创建、调度、管理等操作均由 ForkJoinPool 提供，不需要程序员手动编写。此外，ForkJoinPool 类还提供了一系列的方法来了解线程池中线程的执行状态：例如 getParallelism（）方法可以得到线程池中的并行程度；getstealcount（）方法可以获得线程池中的任务窃取情况；getActiveThreadCount（）方法可以获取线程池中正在执行任务的线程个数；getPoolsize（）用来获取线程池中创建的线程个数等。

Fork/Join 框架执行的任务具有以下限制：（1）任务只能使用 fork（）和 join（）操作当做同步机制。如果使用其他的同步机制，工作者线程就不会执行任务；（2）任务不能执行 I/O 操作，比如文件数据的读取与写入；（3）任务不能抛出非运行时异常，必须在代码中处理这些异常。

4.5.2　并行算法实现

在传统串行智能算法优化计算中，种群规模加大，有利于寻优，但会增加系统计算负担，降低计算效率。结合 Fork/Join 框架技术特点，Fork/Join 框架为实现多核并行计算提供了一种可行的解决方案。在实现 Fork/Join 框架多核并行计算时，阈值划分对并行计算效率影响较大，阈值过大，则划分的子任务过少，不能充分利用多核资源，导致计算时间较长；阈值过小，则划分的子任务过多，增加了任务管理开销。对于水电站群长期优化调度问题，当

CSADE算法种群数量 M 和 CPU 核数 β 一定时，经过多次试算，合理的阈值可依据式（4.20）确定。

$$\alpha = \lceil \frac{M}{\beta} \rceil \tag{4.20}$$

其中：符号 $\lceil \ \rceil$ 表示向上取整数。

图 4.6 为基于 Fork/Join 并行框架的多核并行混沌模拟退火差分演化算法。

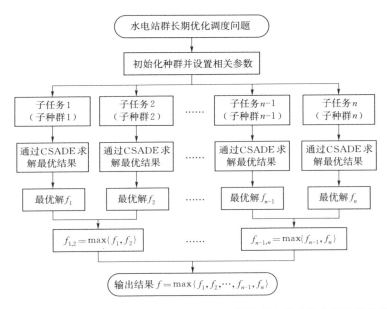

图 4.6 基于 Fork/Join 并行框架的多核并行混沌模拟退火差分演化算法计算流程图

4.6 CSADE 算法标准函数测试及性能分析

本书选择 6 个标准测试函数验证 CSADE 算法的性能；同时采用标准 DE 算法进行对比分析。所用测试函数的具体表达式可见文献 [235] 或附录 A，其中函数 $f_1 \sim f_4$ 为单峰函数，f_5 为步长函数，f_6 为多峰函数。上述 6 个标准测试函数的全局最优值均为 0。为较好地测试算法性能，针对各函数分别采用自变量为 30 和 50 时进行优化计算，各算法分别进行 10 次计算。两算法的共有参数均设置为：种群规模为 100，初始缩放因子和交叉因子分别设置为 0.8 和 0.1，最大进化代数为 1000，计

算精度为 0.001。CSADE 退火初始温度设为 $1000℃$。计算环境为 Intel
（R）Core（TM）2 Duo CPU E7500@2.93GHz，2G 内存；编程语言为
Java。由于 CSADE 算法每次计算时，耗时均小于 3s，因此，本小节不
研究 PCSADE 算法的并行计算性能。DE 和 CSADE 算法的计算结果分别
见表 4.1 和表 4.2。

从表 4.1 和表 4.2 中可看出，无论最小值、平均值和最大值，对于单峰函
数 f_1、f_3 和 f_4，CSADE 算法优势比较明显；对于步长函数 f_5，CSADE 算法
相对于 DE 算法也具有一定优势；对于多峰函数 f_6，CSADE 算法所得结果跟
函数最优值相比略有差距，但相比 DE 算法所得结果仍然具有一定的优势。因
此，由上述标准函数测试可知，混沌模拟退火差分演化算法相比标准差分演化
算法能够更好地用于优化问题求解。

表 4.1　　　　　　　　　自变量维数为 30 时 CSADE 算法性能测试

函数	函数名称	自变量空间 S	DE		
			最小值	平均值	最大值
f_1	Sphere Model	$[-100, 100]^{30}$	27.769	50.934	130.256
f_2	Schenwefel's Function 2.22	$[-10, 10]^{30}$	0.0296	0.195	0.516
f_3	Rosenbrock Function	$[-30, 30]^{30}$	85.356	1342.362	2673.301
f_4	Schenwefel's Function 1.2	$[-100, 100]^{30}$	116.264	477.718	1230.634
f_5	Step Function	$[-100, 100]^{30}$	4	28.9	103
f_6	Griewank Function	$[-600, 600]^{30}$	1.223	2.211	3.667
函数	函数名称	自变量空间 S	CSADE		
			最小	平均	最大
f_1	Sphere Model	$[-100, 100]^{30}$	0	0	0
f_2	Schenwefel's Function 2.22	$[-10, 10]^{30}$	0	0	0
f_3	Rosenbrock Function	$[-30, 30]^{30}$	21.994	24.158	25.587
f_4	Schenwefel's Function 1.2	$[-100, 100]^{30}$	0	0	0
f_5	Step Function	$[-100, 100]^{30}$	0	0	0
f_6	Griewank Function	$[-600, 600]^{30}$	1	1	1

表 4.2　　　　　　　　自变量维数为 50 时 CSADE 算法性能测试

函数	测试函数	自变量空间 S	DE		
			最小值	平均值	最大值
f_1	Sphere Model	$[-100,100]^{50}$	45.607	113.692	158.854
f_2	Schenwefel's Function 2.26	$[-10,10]^{50}$	0.287	1.100	1.176
f_3	Rosenbrock Function	$[-30,30]^{50}$	89.461	32289.96	67793.7
f_4	Schenwefel's Function 1.2	$[-100,100]^{50}$	183.730	626.137	1411.192
f_5	Step Function	$[-100,100]^{50}$	85	174.8	374
f_6	Griewank Function	$[-600,600]^{50}$	1.642	4.505	9.805

函数	测试函数	自变量空间 S	CSADE		
			最小值	平均值	最大值
f_1	Sphere Model	$[-100,100]^{50}$	0	0	0
f_2	Schenwefel's Function 2.26	$[-10,10]^{50}$	0	0	0
f_3	Rosenbrock Function	$[-30,30]^{50}$	44.671	45.976	46.675
f_4	Schenwefel's Function 1.2	$[-100,100]^{50}$	0	0	0
f_5	Step Function	$[-100,100]^{50}$	0	0	0
f_6	Griewank Function	$[-600,600]^{50}$	1	1	1

4.7　应用实例

红水河为珠江流域西江上游干流，发源于云南省马雄山，其上源段称为南盘江。南盘江全长 927km，落差约 1854m，流域面积 5.49 万 km²，在贵州与北盘江汇合后称红水河。红水河全长约 660km，落差 250m，流域面积 13.10 万 km²。红水河在广西与柳江汇合后称为黔江，河长约 120km。大藤峡以上流域面积 19.04 万 km²，年水量 1300 亿 m³。

红水河水量丰富、落差大、水能资源蕴藏量大，可开发水电资源达 11080MW，红水河梯级电站开发目标以发电为主，同时可改善通航条件，并对防洪、灌溉产生一定的效益，可提高西江和珠江三角洲的防洪标准。

为验证本书所提出的改进算法 CSADE 及其并行化算法 PCSADE，以红水河流域鲁布革、云鹏、天生桥一级、光照、龙滩和岩滩等共 14 座梯级水电站群作为工程背景，详细分析了所提算法的性能和计算效率。红水河流域梯级水电站分布图见图 4.7，各参与计算电站的特性参数见表 4.3。

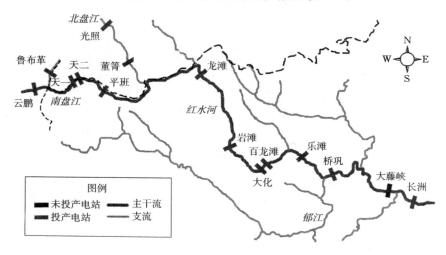

图 4.7　红水河流域梯级水电站分布图

表 4.3　　　　　　　　　　参与计算电站的特性参数

电站	调节性能	正常高水位	死水位	库容/亿 m³	装机容量/MW	保证出力/MW	出力计算方式
鲁布革	不完全季调节	1130.00	1105.00	1.224	600.0	85.0	耗水率
云鹏	不完全年调节	902.00	877.00	3.800	210.0	45.9	耗水率
天生桥一级	多年调节	780.00	731.00	102.600	1200.0	405.2	耗水率
天生桥二级	日调节	645.00	637.00	0.880	1320.0	730.0	耗水率
平班	日调节	440.00	437.50	2.780	405.0	126.9	耗水率
光照	多年调节	745.00	691.00	32.450	1040.0	200.0	耗水率
董箐	日调节	490.00	483.00	9.550	880.0	172.0	耗水率
龙滩	年调节	375.00	330.00	162.100	4900.0	1234.0	耗水率
岩滩	不完全年调节	223.00	212.00	33.500	1210.0	245.0	耗水率

续表

电站	调节性能	正常 高水位	死水位	库容 /亿 m³	装机容量 /MW	保证出力 /MW	出力计算 方式
大化	日调节	155.00	153.00	9.640	456.0	106.8	耗水率
百龙滩	径流式	126.00	125.00	0.695	192.0	87.77	耗水率
乐滩	日调节	112.00	110.00	4.020	600.0	301.86	耗水率
桥巩	日调节	84.00	82.00	1.910	456.0	195.0	耗水率
长洲	日调节	20.60	18.60	1.860	630.0	246.5	耗水率

4.7.1 计算条件

以月为计算时段，调度周期为一年，采用平水年来水（频率为50%）序列进行优化调度计算。6座具有长期调度调节能力的电站参与优化计算，其他电站按径流式电站处理，仅以定水位方式计算出力。将各电站保证出力设为出力下限，上限为装机容量。各电站始末水位设置见表4.4。6座重要电站平水年区间入库径流过程见表4.5。

表4.4　　　　　各电站始末水位设置

电站	鲁布革	云鹏	天生桥一级	光照	龙滩	岩滩
初始水位/m	1128.00	900.00	765.00	735.00	360.00	222.00
末水位/m	1128.00	900.00	770.85	736.65	36300	222.50

表4.5　　　　　重要电站平水年区间入库径流过程

电站	鲁布革	云鹏	天生桥一级	光照	龙滩	岩滩
1月	48	101	72	74	83	91
2月	42	81	64	67	215	79
3月	36	65	58	56	319	78
4月	31	58	55	59	458	99
5月	60	81	123	143	855	248

续表

电站	鲁布革	云鹏	天生桥一级	光照	龙滩	岩滩
6 月	278	248	351	507	1267	607
7 月	399	390	525	649	454	783
8 月	386	522	564	541	360	722
9 月	285	426	372	421	12	500
10 月	198	284	230	314	72	332
11 月	108	201	144	156	475	203
12 月	66	135	87	97	333	124
均值	12	217	70	258	409	324

算法测试环境为 IBM 机架式服务器 System x3850 X5 (7145XZG)，CPU 类型为 Intel (R) Xeon (R) 12 核，16G 内存。

4.7.2　CSADE 及其串行计算

为表明所提改进方法 CSADE 的可行性，本书将 CSADE 与标准 DE 算法进行对比分析，并将两种优化算法所得结果与逐步优化算法 (POA) 所得结果相互比较。对于 CSADE 与 DE 算法均设置种群规模 $M = 100$，交叉因子 $C_R = 0.8$，缩放因子 $F = 0.85$，最大进化代数 $G = 1000$，并设置 CSADE 的模拟退火初始温度 $T_0 = 1000$℃，DE 和 CSADE 进化过程如图 4.8 所示。由图 4.8 可知，CSADE 算法收敛速度快，且所得优化结果明显优于标准 DE 算法。经过计算，各重要电站所得优化结果见表 4.6。各算法的计算时间和结果分别为：DE 的计算耗时为 342s，发电量为 600.42 亿 kWh；POA 算法计算耗时为 153s，发电量为 603.15 亿 kWh；CSADE 算法的计算耗时为 336s，发电量为 604.33 亿 kWh。与 DE 算法相比，CSADE 算法发电量指标提高了 3.91 亿 kWh，但计算耗时无明显变化。虽然 CSADE 最终计算耗时明显多于 POA，但 CSADE 的计算耗时与进化代数有关，且 CSADE 进化代数为 300 时，所得优化结果 603.66 亿 kWh 已略优于 POA 所得优化结果而计算耗时约为 148s，因此，总体上看，CSADE 算法优于 DE 和 POA 算法。图 4.9 为 POA、DE 和 CSADE 3 种方法计算时各重要电站的发电量。可知，采用不同算法，对各重要电站的发电量影响不同。

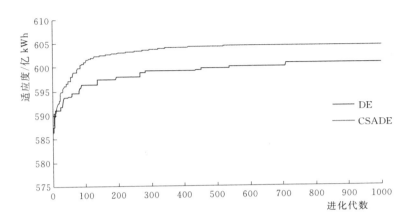

图 4.8　种群为 100 时的 DE 和 CSADE 进化过程

表 4.6	种群为 100 时的 DE 和 CSADE 优化结果		单位：亿 kWh
水电站	POA	DE	CSADE
鲁布革	30.17	29.87	30.14
云鹏	10.52	10.22	10.47
天生桥一级	55.34	52.07	52.64
光照	26.10	25.77	26.15
龙滩	139.69	141.11	142.58
岩滩	75.52	65.34	65.83
其他	265.82	276.04	276.52
总计	603.15	600.42	604.33

　　为评价 CSADE 串行计算情况下，种群规模对计算结果的影响，本书将其种群规模分别设置为 300、500、800 和 1000，而其他参数不变，然后进行计算，针对每个种群规模，均计算 10 次，然后取其均值作为最终结果。各种群规模下的平均计算耗时、最大值、最小值和平均值见表 4.7。由于将最大进化代数作为各种群规模的计算停止准则，因此，针对同一种群规模，各次优化计算耗时相近。从表 4.7 可看出，随着种群数量

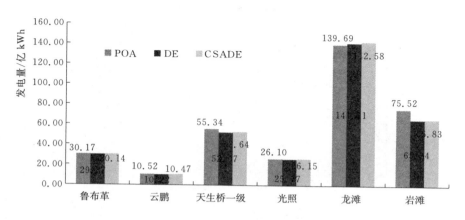

图 4.9　POA、DE 和 CSADE 3 种方法计算时各电站的发电量

增加，发电量目标值逐渐增加，并且算法的稳定性也相应得到提高，但计算耗时却急剧增长，尤其当种群数量为 1000 时，计算耗时达到了 3372s，难以满足实际应用需求。

表 4.7　　　　　　　　　　不同种群下 CSADE 串行计算结果

种群规模	平均计算耗时/s	发电量/亿 kWh		
		最大值	最小值	平均值
100	336	604.39	604.18	604.33
300	1011	604.48	604.30	604.41
500	1689	604.57	604.41	604.48
800	2712	604.63	604.49	604.55
1000	3372	604.67	604.58	604.62

4.7.3　PCSADE 并行计算结果

在并行计算中，两个主要指标为加速比 S_p 和效率 E_p，如式（4.21）所示：

$$S_p = T_1/T_p \; ; E_p = S_p/p \tag{4.21}$$

式中　　T_1——串行计算运行时间；

　　　　T_p—— p 个处理器上的运算时间。

利用 PCSADE 进行并行计算，除种群规模不同外，其余参数设置均与串行计算相同，计算内核环境分别为单核、4 核、8 核和 12 核，见表 4.8。

表 4.8　　　　　不同种群下 PCSADE 并行计算结果

种群规模	目标值/亿 kWh	核数	计算时间/s		加速比			效率/%	
			串行	并行	串行	并行	理想	串行	并行
600	604.49	1	2157	—	1.00	—	—	100.0	—
		4	2157	593	1.00	3.67	4	25.0	90.9
		8	2157	316	1.00	6.83	8	12.5	85.3
		12	2157	239	1.00	9.02	12	8.3	75.2
1200	604.65	1	4200	—	1.00	—	—	100.0	—
		4	4200	1164	1.00	3.61	4	25.0	90.2
		8	4200	605	1.00	6.94	8	12.5	86.8
		12	4200	447	1.00	9.40	12	8.3	78.3
2400	604.71	1	8115		1.00			100.0	
		4	8115	2289	1.00	3.55	4	25.0	88.6
		8	8115	1168	1.00	6.95	8	12.5	86.8
		12	8115	856	1.00	9.48	12	8.3	79.0
4800	604.82	1	16530	—	1.00	—	—	100.0	—
		4	16530	4513	1.00	3.66	4	25.0	91.2
		8	16530	2352	1.00	7.02	8	12.5	87.9
		12	16530	1706	1.00	9.69	12	8.3	80.7

从表 4.7 和表 4.8 可以看出，种群规模从 100 增加至 4800 时，目标值增加了 0.49 亿 kWh，通过增加种群规模，有效提高了求解精度；相比于串行计算耗时 16530s，12 核并行计算耗时仅为 1618s，加速比为 10.22，极大地提高了求解效率。为便于直观理解，不同种群下 PCSADE 算法的并行性能指标见图 4.10。对于同一种群规模，随着计算核数增多，加速比逐渐加大，但实际加速比与理想加速比的差值也在逐渐增大，主要因为：随着核数增多，并行额外开销（如线程调度等）也会增加，同时，由于计算中各子线程单独定义计算数据，占用内存也会相应增加，影响了 CPU 性能，致使并行计算效率有所

下降。

为进一步分析计算结果的合理性，本书选择鲁布革、云鹏、天生桥一级、光照、龙滩和岩滩 6 个水电站作为主要研究对象，对 PCSADE 种群规模为 4800 时的优化结果进行分析，如图 4.11 所示。多年调节电站（天生桥一级和光照）主要承担调度补偿作用，汛期充分蓄水，枯期进行补偿调度以满足系统枯期保证出力要求。其他电站在枯水期保持较高水位运行，以增加枯水期发电量；汛前腾空库容，以满足防洪安全要求；汛期保持在汛限水位运行，并在汛末逐步抬高水位以增加发电量，且在调度期末降至预先设置的末水位。

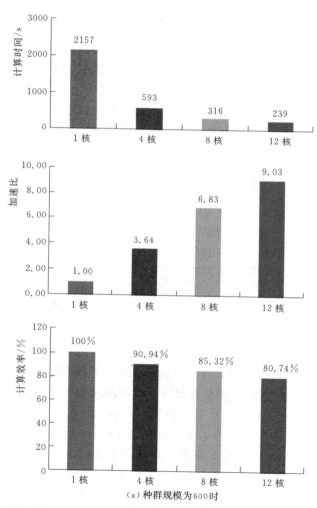

（a）种群规模为600时

图 4.10 （一）　不同种群下 PCSADE 算法并行性能指标

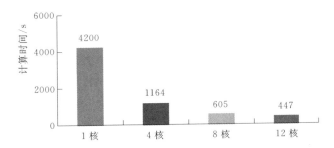

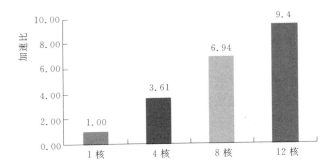

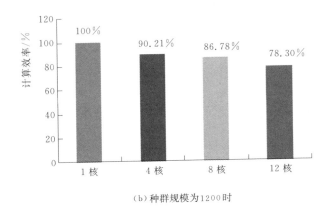

（b）种群规模为1200时

图 4.10（二） 不同种群下 PCSADE 算法并行性能指标

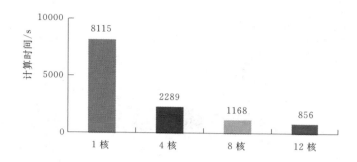

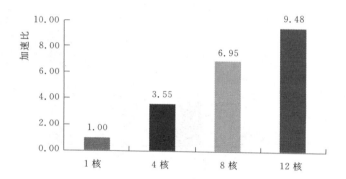

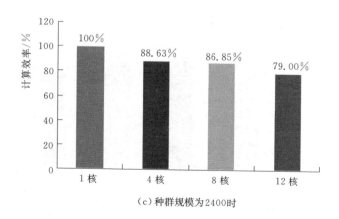

（c）种群规模为2400时

图 4.10（三）　不同种群下 PCSADE 算法并行性能指标

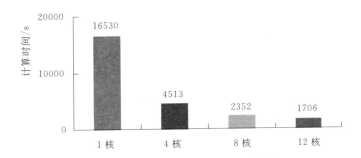

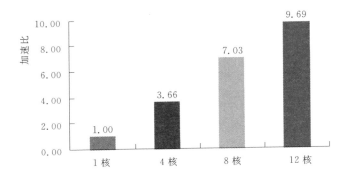

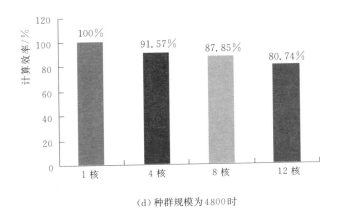

（d）种群规模为4800时

图 4.10（四）　不同种群下 PCSADE 算法并行性能指标

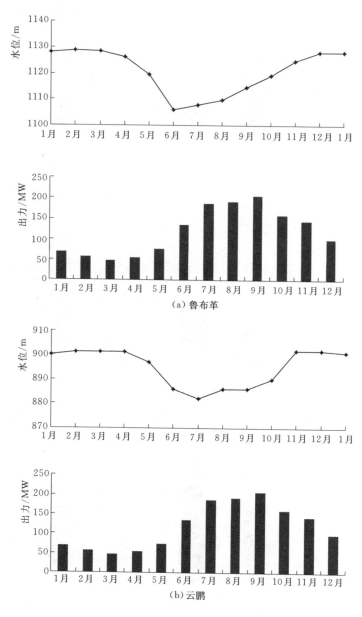

图 4.11 (一)　PCSADE 算法主要电站优化调度结果

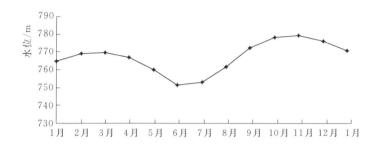

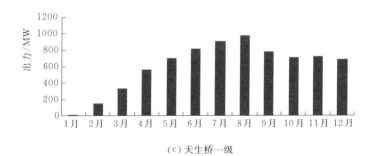

（c）天生桥一级

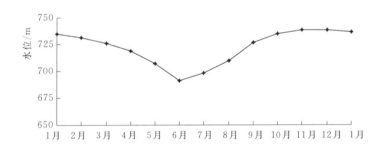

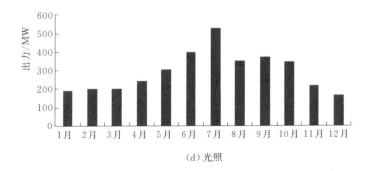

（d）光照

图 4.11（二） PCSADE 算法主要电站优化调度结果

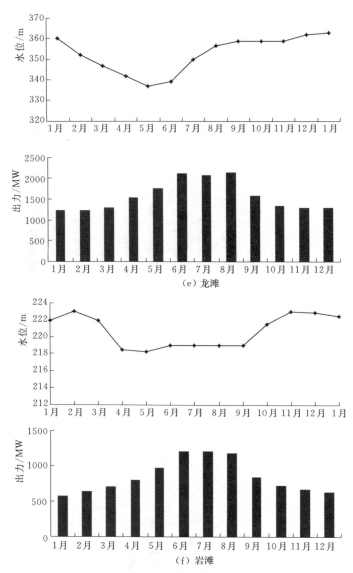

图 4.11（三）　PCSADE 算法主要电站优化调度结果

4.8　小结

随着我国水电建设的快速发展，梯级水电站群的规模越来越大，应用传统优化方法求解水电系统优化问题变得非常困难，而群体智能算法的广泛研究与应用为解决该问题提供了一种新的途径。针对梯级水电站群长期优化调度问题，本章选择一种典型的群体智能算法即差分演化算法（DE）进行研究，同时为提高标准 DE 算法的求解精度和求解效率，采用不同智能算法相结合的方式，并结合并行框架提出了并行混沌模拟退火差分演化算法的梯级水电站群长期优化调度模型。主要结论如下。

（1）改进的差分演化算法（CSADE）依据混沌理论随机性和遍历性强的特点，采用 tent 映射生成差分演化算法初始种群，有效提高了初始解的质量，同时应用 tent 映射对差分演化算法的控制参数进行动态调整，避免了固定的控制参数容易削弱算法的寻优能力问题；根据模拟退火算法局部搜索能力强的特点，采用模拟退火中的 Metropolis 准则替代标准 DE 算法的选择操作，以一定的概率保留劣解，增强了算法的局部搜索能力。

（2）并行混沌模拟退火差分演化算法（PCSADE）采用 Fork/Join 并行框架技术，将复杂计算任务递归划分为多个子任务，充分利用了计算机多核硬件资源，有效提高了计算效率。

（3）以红水河梯级水电站群长期优化调度为实例，对所建混合算法 CSADE 和并行算法 PCSADE 进行验证，并与 DE 和 POA 算法进行对比分析，实例结果表明，CSADE 算法优于 DE 和 POA 算法，同时 PCSADE 算法明显提升了计算效率和求解质量，是一种切实有效可行的水电站群长期优化调度求解方法。

第5章 考虑滞时电量的水电系统中期期末蓄能最大模型及求解方法

5.1 引言

水电中期优化调度是指以日为时段，未来几天内的优化调度问题，是水电优化调度的主要环节之一。目前我国电网中期水火电联合调度主要模式是将系统分解为水电系统和火电系统，分别制定发电计划，而后以满足系统负荷约束为目标进行协调。在这种情况下，合理制定中期水电调度计划，对充分利用水能资源、实现中期水火电联合优化运行及提高发电效益具有重要意义，同时为实现水电长短期调度衔接和确定水电站水库短期控制方式及火电机组中期开机方式[236]提供了重要前提条件。由于径流预报精度和预见期的限制，水电中期调度会受到来水不确定性的影响，但实践中通常将其作为确定性问题以充分利用气象和水文预报信息。在梯级最上游和最下游距离较远时，梯级电站间的水流滞时问题不可忽略，这与短期调度有相似之处。由于调度时段以日为步长，上游水库某时段出库水量在相同或其后一个时段全部流入下游水库的假设不成立，因而存在某一时段上游出库水量在下游水库两个连续时段间分配的问题。

按照问题特点和求解方法的不同，水电优化调度模型[237]可以大致分为两类：第一类是给定各水库末水位，在调度期内按照调度目标调节水量时空分布，此类模型偏重于在满足各电站的中长期控制方式前提下，提高水能利用效率，是广义的以水定电方法，目标通常为发电量最大[238-241]、发电效益最大[242,243]等；第二类是给定各时段水电系统负荷需求，在各电站间分配出力[244]，是广义的以电定水方法，主要采用期末蓄能最大[88,245]和购电成本最小等模型，其中期末蓄能最大模型应用广泛，适于梯级和跨流域水电站群负荷分配问题。水电站水库群优化调度算法众多[81,98]，但中期期末蓄能最大模型求解及应用上仍有很多问题需要解决。一方面由于受到负荷需求的强约束条件限制，求解较困难，常用的拉格朗日松弛算法[246]需乘子向量多次更新，计算效率受乘子向量更新策略和初始值影响较大，因而需结合实际问题研究具有较好实用性的乘子更新策略。另一方面，水流滞时和因其产生的滞时电量影响也需充分考虑并进行合理简化。

本书在径流确定性条件下，为充分利用水能，首先利用逐步优化算法[108]求解发电量最大模型，以确定调度期内的总出力过程；然后建立了考虑水流滞时的中期调度期末蓄能最大模型，根据系统负荷需求，采用具有较高求解质量的拉格朗日松弛法，在建立对偶问题的基础上，以逐次逼近算法[104]求解对偶问题，以两阶段次梯度法进行乘子更新。以澜沧江干流中下游已投产的 6 座梯级水电站群为实例，对模型进行求解，结果表明：模型是否将滞时电量纳入优化目标，对计算结果影响明显，在长距离梯级水电站的系统中期调度中，须充分考虑调度结果的后效性。

5.2 中期调度问题描述

给定梯级或者跨流域水电站群系统总出力过程，进行负荷分配，是水电中期调度的一种重要方式，其有广泛的应用背景：在水电分级调度模式下，由于电力系统的约束和需求，上级水电调度部门常以未来几日总发电量过程对下一级水调部门下达计划，下一级水调部门在电站间进行出力分配，或者进一步以总发电量过程的方式将任务分解下达到所属再下一级的各水调部门；在前述第一类模型中，若在给定的水电控制方式下结果无法满足水电总出力上下限约束，则需要固定部分时段总出力过程为水电总出力上限或下限约束条件值进行负荷优化分配。这类问题一般采用调度期末蓄能最大或者调度期间耗能最小为分配准则，目的是在满足当前需求的前提下，尽量抬高发电水头，增加系统蓄能，为控制期后水电系统安全、稳定、经济运行创造条件。

在受到水流滞时影响时，应以滞时电量与期末蓄能总和最大作为目标函数。对上游出库流量在下游的时段间分配采用近似方法，即根据短期滞时时间确定不同出库流量级别在两个流达时段间的分配比例系数。据此建立中期期末蓄能最大模型，描述如下。

5.2.1 模型描述

$$F = \max \Big[\sum_{i=1}^{M} ES_i + \sum_{i=1}^{M} El_i \Big] \qquad (5.1)$$

式中 M ——跨流域水电站群参与计算电站的总数（$1 \leqslant i \leqslant M$）；

ES_i ——电站 i 及全部上游电站死水位以上水量在电站 i 可产生的电量，采用式（5.2）计算；

El_i——上游电站在电站 i 产生的滞时电量，采用式（5.3）计算。

$$ES_m = [\underline{V}_i^t + WT(i)]/\eta_i \qquad (5.2)$$

其中

$$WT(i) = \sum_{k=1}^{K_i} \{\underline{V}_{U_i[k]}^T + WT(U_i[k])\}$$

式中　$\underline{V}_i^t$——电站 i 第 t 时段末死水位以上的蓄水量；

η_i——第 i 个电站的平均耗水率；

$WT(i)$——i 号电站的全部上游电站调度期末死水位以上蓄水量；

U_i——第 i 个电站直接上游电站标号数组；

$\underline{V}_{U_i[k]}^T$——i 号电站的直接上游电站 $U_i[k]$ 的调度期末死水位以上的蓄水量；

K_i——第 i 个电站的直接上游电站数目。

$$El_i = WL(i)/\eta_i \qquad (5.3)$$

其中

$$WL(i) = \sum_{k=1}^{K_i} \Big[\sum_{n=T-\lceil \overline{\tau}_{U_i[k],\max} \rceil}^{T-\lfloor \underline{\tau}_{U_i[k],\min} \rfloor} L1(i,T,n,U_i[k],R_{U_i[k],n})\Delta t + WL(U_i[k]) \Big]$$

式中　　　　　$WL(i)$——第 i 个电站全部上游电站滞时水量计算函数。

$\overline{\tau}_{U_i[k],\max}$、$\underline{\tau}_{U_i[k],\min}$——有直接上下游关系的上游 $U_i[k]$ 号水电站水库和下游第 i 个水电站水库间的最大最小滞时天数，一般非整数；

Δt——第 t 时段的小时数；由于水流滞时影响，上游出库与当前电站入库可能发生在非同一时段，因此同时引入时段 n 以描述入库流量问题；

$L1(i,T,n,U_i[k],R_{U_i[k],n})$——电站 $U_i[k]$ 在 n 时段出库流量为 $R_{U_i[k],n}$ 时，在下游 i 号电站 $T-1$ 时段以后产生的入库流量，按式（5.4）计算。

由于电站的滞时水量不仅受直接上游电站水库 $U_i[k]$ 的影响，也受其他更上游电站水库的影响，尤其当电站 i 直接上游 $U_i[k]$ 无调节能力或调节能力较差时，因此，在式（5.3）中加入 $WL(U_i[k])$ 一项。

$$L1(i,T,n,U_i[k],R_{U_i[k],n})$$

$$= \begin{cases} R_{U_i[k],n} \times [lag(R_{U_i[k],n}) - \lfloor lag(R_{U_i[k],n}) \rfloor], & T \leqslant n + lag(R_{U_i[k],n}) \leqslant T+1 \\ R_{U_i[k],n}, & n + lag(R_{U_i[k],n}) > T+1 \\ 0, & 其他 \end{cases}$$

$$(5.4)$$

式中　　$lag(R_{U_i[k],n})$ ——$U_i[k]$ 号电站水库出库流量为 $R_{U_i[k],n}$ 时的滞时天数，
　　　　　一般非整数；

　　　　$\lfloor \cdot \rfloor$ ——向下取整数。

5.2.2 约束条件

（1）水量平衡：

$$V_{i,t+1} = V_{i,t} + (Q_{i,t} - q_{i,t} - S_{i,t})\Delta t \times 3600 \tag{5.5}$$

其中

$$Q_{i,t} = Q_{i,t}^{in} + \sum_{k=1}^{K_i} FL(i,U_i[k],t) \tag{5.6}$$

式中　　$q_{i,t}$ ——i 号水电站水库第 t 时段的发电流量；

　　　　$S_{i,t}$ ——i 号水电站水库第 t 时段的弃水流量；

　　　　$Q_{i,t}$ ——i 号水电站水库第 t 时段的入库流量。

由区间入库流量 $Q_{i,t}^{in}$ 和上游来水流量组成 $\sum_{k=1}^{K_i} FL(i,U_i[k],t)$，$FL(i,$ $U_i[k],t)$ 表示水电站 i 第 k 个直接上游电站出库流量在时段 t 形成滞时流量的函数，按式（5.7）计算：

$$FL(i,U_i[k],t) = \sum_{n=t-\lceil \overline{\tau}_{U_i[k],max} \rceil}^{t-\lfloor \tau_{U_i[k],min} \rfloor} L(i,t,n,U_i[k],R_{U_i[k],n}) \tag{5.7}$$

$L(i,t,n,U_i[k],R_{U_i[k],n})$ 表示 $U_i[k]$ 号电站在 n 时段出库流量为 $R_{U_i[k],n}$ 时，在下游 i 号电站 t 时段产生的入库流量，按式（5.8）计算，其中 $\lceil \cdot \rceil$ 表示向上取整数。

$$L(i,t,n,U_i[k],R_{U_i[k],n})$$

$$\Rightarrow \begin{cases} R_{U_i[k],n} \times \left[\lceil lag(R_{U_i[k],n}) \rceil - lag(R_{U_i[k],n})\right], \ t \leqslant n + lag(R_{U_i[k],n}) < t+1 \\ R_{U_i[k],n} \times \left[lag(R_{U_i[k],n}) - \lfloor lag(R_{U_i[k],n}) \rfloor\right], \ t-1 < n + lag(R_{U_i[k],n}) \leqslant t \\ 0, \text{其他} \end{cases}$$

$$(5.8)$$

（2）水电总负荷约束：

$$\sum_{i=1}^{M} p_{i,t} = N_t, \ 1 \leqslant t \leqslant T, \ 1 \leqslant i \leqslant M \qquad (5.9)$$

式中　　$p_{i,t}$——电站 i 第 t 时段的平均出力；

N_t——第 t 时段的水电负荷。

其他约束如发电流量约束、出力约束、库水位约束、出库流量约束等，此处不再赘述，可详见 4.2.2 节。

5.3　模型求解策略

5.3.1　流量滞时处理方式

流量滞时问题通过梯级电站间的水力联系，影响下游水库的入库流量过程。在河道中，水流的演进过程受多种因素影响，如河床糙率、坡度、附加比降和流量大小等，流量传播时间同时也受河道长度影响。目前在中期调度实践中，一般忽略滞时因素影响，难以反映实际情况，不能实现精细化调度。由于滞时问题比较复杂，为简便计算并客观反映水流传播规律，根据实际工程经验，可用 3 种方式描述流量-滞时关系：

$$lag(R_{U_i[k],t}) = \begin{cases} \bar{\tau}_{U_i[k],max}, \ R_{U_i[k],t} < r_{U_i[k],min} \\ \tau_{U_i[k],mid}, \ r_{U_i[k],min} \leqslant R_{U_i[k],t} < r_{U_i[k],max} \\ \underline{\tau}_{U_i[k],min}, \ r_{U_i[k],max} \leqslant R_{U_i[k],t} \end{cases} \qquad (5.10)$$

式中　　$r_{U_i[k],max}$、$r_{U_i[k],min}$——上游电站 $U_i[k]$ 流至电站 i 的最大、最小流量。

从式（5.10）可看出，滞时与流量大小成反比，滞时越大，流量越小；反之亦然。

图 5.1 为滞时流量关系示意图。

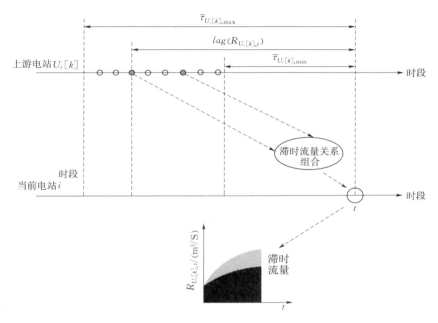

图 5.1 滞时流量关系示意图

5.3.2 逐步优化算法

逐步优化算法（POA）是由加拿大学者 Howson 和 Sancho 于 1975 年提出的一种求解多状态动态规划问题的方法[107]。POA 根据贝尔曼最优化思想将多阶段优化问题分解为多个连续的两阶段优化问题进行降维求解，每次优化只针对两阶段优化问题进行计算，而其他阶段状态保持不变，然后逐个时段依次进行，并将上一轮次优化结果作为当前轮次优化的初始条件，经过不断迭代直至算法收敛。实践表明，该方法是解决多状态决策中"维数灾"问题的一种有效方法。

为便于描述 POA 算法，以单库优化调度问题，对算法迭代执行过程进行分析。POA 迭代过程示意图见图 5.2。

针对水库优化调度问题，POA 算法的计算步骤如下。

（1）选择初始可行解。初始解的优劣对 POA 算法寻优比较重要，直接影响到算法的收敛性能。首先以水位为状态变量，流量为决策变量，生成初始轨迹 $Z_1, Z_2, \cdots, Z_t, \cdots, Z_T$。

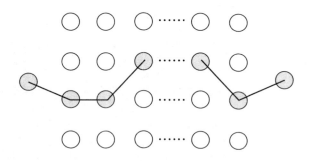

（a）选择初始可行解

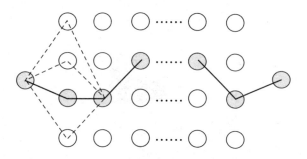

（b）第1次第1阶段优化

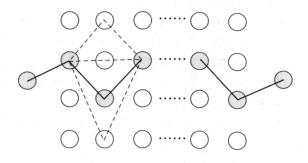

（c）第1次第2阶段优化

图 5.2（一）　POA 迭代过程示意图

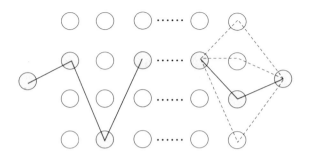

（d）第1次第T阶段优化

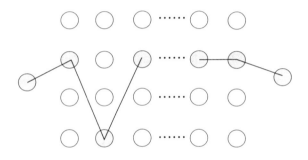

（e）第1次寻优最优解

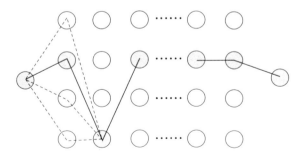

（f）第2次第1阶段优化

图5.2（二） POA迭代过程示意图

（2）固定第 t 和第 $t+2$ 时刻的水位 Z_t 和 Z_{t+2}，不断调整第 $t+1$ 时刻的水位 Z_{t+1}，求解最优状态变量 Z_{t+1}^*，使得目标函数达到最优值。此时，寻优后的水库水位变为 $Z_1, Z_2, \cdots, Z_t, Z_{t+1}^*, Z_{t+2}, \cdots, Z_T$，流量变为 $Q_1, Q_2, \cdots, Q_t$，$Q_{t+1}^*, Q_{t+2}, \cdots, Q_T$。

（3）同理，对第 $t+2$ 时刻的水位进行寻优。固定第 $t+1$ 和第 $t+3$ 时刻的水位 Z_{t+1} 和 Z_{t+3}，不断调整第 $t+2$ 时刻的水位 Z_{t+2}，求解最优状态变量 Z_{t+2}^*，使得目标函数达到最优值。此时，寻优后的水库水位变为 $Z_1, Z_2, \cdots, Z_t, Z_{t+1}^*$，$Z_{t+2}^*, \cdots, Z_T$，流量变为 $Q_1, Q_2, \cdots, Q_t, Q_{t+1}^*, Q_{t+2}^*, \cdots, Q_T$。依次类推，遍历所有水库和时段，获得新的水位过程线。

（4）将新可行解与上一轮次所得可行解进行比较，若满足精度要求，则停止计算；否则，返回步骤（2），继续进行计算。

5.3.3　拉格朗日松弛法

拉格朗日松弛法（Lagrangian Relaxation，LR）的基本思想是将原问题中难于求解的复杂约束通过拉格朗日乘子合并到目标函数中构造相对简单易求解的优化问题。为便于描述 LR 方法，以整数规划问题 IP 为例，则 IP 问题的数学模型可用式（5.11）描述：

$$\begin{cases} z_{IP} = \min \boldsymbol{c}^{\mathrm{T}} \boldsymbol{x} \\ \text{s. t. } \boldsymbol{A}\boldsymbol{x} \geqslant \boldsymbol{b} \text{（复杂约束）} \\ \boldsymbol{B}\boldsymbol{x} \geqslant \boldsymbol{d} \text{（简单约束）} \\ \boldsymbol{x} \in Z_+^n \end{cases} \tag{5.11}$$

其中：IP 的可行解区域记为 $S_{IP} = \{ \boldsymbol{x} \in Z_+^n \mid \boldsymbol{A}\boldsymbol{x} \geqslant \boldsymbol{b}, \boldsymbol{B}\boldsymbol{x} \geqslant \boldsymbol{d} \}$。引入拉格朗日乘子 $\boldsymbol{\lambda} = (\lambda_1, \lambda_2, \cdots, \lambda_m)^{\mathrm{T}} \geqslant 0$，对规划问题 z_{IP} 进行拉格朗日松弛（LR），可得

$$\begin{cases} z_{LR}(\boldsymbol{\lambda}) = \min \boldsymbol{c}^{\mathrm{T}} x + \boldsymbol{\lambda}^{\mathrm{T}} (\boldsymbol{b} - \boldsymbol{A}\boldsymbol{x}) \\ \text{s. t. } \boldsymbol{B}\boldsymbol{x} \geqslant \boldsymbol{d} \text{（简单约束）} \\ \boldsymbol{x} \in Z_+^n \end{cases} \tag{5.12}$$

则 LR 的可行解区域记为 $S_{LR} = \{ \boldsymbol{x} \in Z_+^n \mid \boldsymbol{B}\boldsymbol{x} \geqslant \boldsymbol{d} \}$。由于 $z_{LR}(\boldsymbol{\lambda})$ 是规划问题 z_{IP} 的下界，因此，需要求解 z_{IP} 的对偶问题 $z_{LD} = \max\limits_{\boldsymbol{\lambda} \geqslant 0} z_{LR}(\boldsymbol{\lambda})$。

LR 算法主要包括次梯度法和 LR 启发式算法。次梯度法是 LR 启发式算法求解的基础，其基本思想与非线性规划梯度下降法思想相同[214]。此处仅对次梯度法作简要介绍，对于凹函数 $z_{LR}(\boldsymbol{\lambda})$，计算步骤为：

(1) 任意给定 LR 乘子 $\boldsymbol{\lambda}^1$，$t=1$；

(2) 对于 $\boldsymbol{\lambda}^t$，任选次梯度 $\boldsymbol{s}^t$，若 $\boldsymbol{s}^t=0$，停止计算，否则，令 $\boldsymbol{\lambda}^{t+1}=\max\{\boldsymbol{\lambda}^t+\theta_t\boldsymbol{s}^t,0\}$，$t=t+1$，其中 θ_t 为一个充分小的正数，重复此步骤，直到满足停止计算要求为止。

5.3.4 逐次逼近算法

逐次逼近算法（DPSA）是一种较为有效的降维算法，其基本思想是将含有若干决策变量的优化问题，分解为一系列仅含有一个决策变量的子问题。子问题中含有较少的决策变量，便于优化求解，每个子问题的优化结果，均作为其他子问题优化时的已知条件。不断迭代计算，直到满足计算精度要求为止。针对水电站群优化调度问题，其基本计算过程如下。

(1) 选择初始可行解。可根据电站的约束条件采用等流量方法获得。

(2) 固定第 2 个及其以后电站的运行状态不变，采用常规 DP 算法针对第 1 个电站进行优化计算，并将优化结果代替该电站的初始解。

(3) 固定第 1 个和第 3 个及其以后电站的运行状态不变，采用常规 DP 算法针对第 2 个电站进行优化计算，并将优化结果代替该电站的初始解。依次类推，遍历所有电站。

(4) 判断当前计算是否满足停止计算要求，若满足，则输出最优计算结果；否则，返回步骤（2），将上一轮次优化结果作为当前优化的初始解，继续执行迭代计算。

DPSA 算法求解水电站群优化调度问题的计算流程如图 5.3 所示。

5.3.5 基于拉格朗日松弛法的求解策略

设定总负荷过程的水电优化调度问题是具有强系统性约束的非线性优化问题。拉格朗日松弛算法作为常用求解算法之一，具有求解精度高的优点，但其主要难点是需要高效的乘子向量更新策略。为较合理地评价滞时电量的影响，本文采用拉格朗日松弛法求解模型。

1. 建立对偶问题

针对水电系统总负荷约束采用拉格朗日松弛法建立以式（5.13）为目标函数，以水量平衡、发电流量、电站出力、库水位和出库流量为约束条件的对偶优化问题。

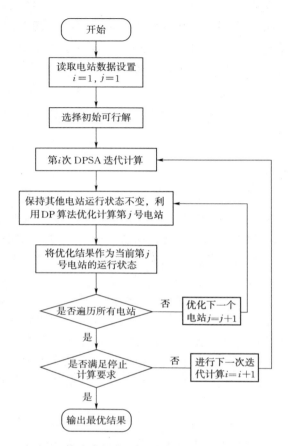

图 5.3　DPSA 算法求解水电站群优化调度问题的计算流程图

$$\max F' = F + \sum_{t=1}^{T} \left[\lambda_t \left(\sum_{i=1}^{M} p_{i,t} - N_t \right) \right] \tag{5.13}$$

式中　λ_t——t 时段拉格朗日乘子向量分量。

通过交替进行对偶优化问题求解和乘子向量更新以实现原问题求解。

2. 对偶问题求解算法

在约束条件中，水量平衡、发电流量、单站出力约束上限均可以在单时段调节计算中保证其满足，水电总负荷约束已经进行了松弛。而库水位约束和出库流量约束二者可以以其中之一的破坏换来另一条件的满足，因此将优先级高者在单时段计算中强制满足，优先级低者采用惩罚函数的方法处理。本书采用出库流量优先级高于水位控制。剩余约束条件仅有单站出力下限和减少弃水出力，可采用惩罚函数法处理，将式（5.13）和水量平衡约束、发电流量约束、电站出力约束、库水位约束和出库流量约束确定的约束优化问题转换为无约束优化问题，惩罚函数见式（5.14）：

$$FP = \sum_{t=1}^{T} \sum_{i=1}^{M} a_1 \min\left(V_{i,t} - \underline{V_{i,t}}, 0\right)^2 + \sum_{t=1}^{T} \sum_{i=1}^{M} a_2 \min\left(\overline{V_{i,t}} - V_{i,t}, 0\right)^2$$

$$+ \sum_{t=1}^{T} \sum_{i=1}^{M} a_3 \min\left(p_{i,t} - \underline{p_{i,t}}, 0\right)^2 + \sum_{t=1}^{T} \sum_{i=1}^{M} a_4 \left(pd_{i,t}\right)^2 \tag{5.14}$$

式中　　a_1, a_2, a_3, a_4——惩罚系数，需要经过不断测试确定；

　　　　$pd_{i,t}$——i 号电站 t 时段弃水出力。

采用以出库流量为决策变量的逐次逼近单变量搜索算法求解。在每一时段，依次对各电站以定步长将发电流量增加和减小，计算目标函数和惩罚函数值以确定最优决策，并逐步减小搜索步长寻优至达到最小步长限制。而后进行下一时段的计算，待最后一个时段搜索完成后再返回第一个时段，直到收敛。

在以步长 Δ_i 对 i 号电站 t 时段发电流量 $q_{i,t}$ 进行搜索计算时，设 i 号电站下游电站标号依次为 $i+1$，$i+2$，$\cdots$，$i+down_i$，其中 $down_i$ 为 i 号电站下游数目。首先设 $q_{i,t} = q_{i,t} + \Delta_i$，若 $q_{i,t} > \overline{q_{i,t}}$，则 $q_{i,t} = \overline{q_{i,t}}$，保持其余时段出库流量不变，由 t 时段开始至 T 时段结束进行定发电流量调节计算，若达到水位上限则按照最大发电流量和最大出力进行限制，计算弃水流量。而后计算 i 号电站 t 时段出库流量流达 $i+1$ 号电站的最早可能时间 t'，固定由 $i+1$ 电站出库流量过程，由 t' 起进行定流量调节计算至控制期结束，计算 t' 时段出库流达 $i+2$ 号电站的可能最早时段，按照同样方法调节，直到最后一级下游电站或者最早流达时间超出控制期，并计算目标函数和惩罚函数值。在 $q_{i,t} = q_{i,t} - \Delta_i$ 时，调节计算方法类似，而后取初始解和增减流量三者中最优者对应的调度过程并保留。

3. 乘子更新策略

按照次梯度法，采用式 $\lambda_{t,j+1} = \lambda_{t,j} - \mu_t \left(\sum_{i=1}^{M} p_{i,t} - N_t\right)$ 进行对偶乘子迭代更新，其中 $\lambda_{t,j}$ 表示第 j 轮次对偶问题求解时的 t 时段乘子取值，μ_t 为乘子更新系数，一般 μ_t 取值越小，计算精度越高，但迭代次数和计算时间也越长。由于乘子具有比较明确的物理意义，即对应时段单位出力改变造成系统期末蓄能的改变量，对于若干个电站并联组成的系统，其取值可以判断为在单时段的小时数 24 附近。而对于梯级水电站群，除最上游的龙头电站以外，出力-蓄能改变率之间差异较大，因而初始乘子向量难以直接确定。为保证算法良好的收敛性和计算速度，将乘子的次梯度法更新过程分为两个步骤，可简要概括为：第一步中 μ_t 只能扩大不能减小以快速求得乘子初始值，第二步 μ_t 只能减小不能扩大以加速收敛。

第一步中：首先将乘子向量全部分量定为 $\lambda_{t,1} = 24$，计算开始时设定 $\mu_t = 10^{-3}$，$t = 1, 2, \cdots, T$。建立对偶问题并采用前述算法求解对偶问题，而后再进行乘子向量更新时，在一轮求解中 $\sum\limits_{i=1}^{M} p_{i,t}$ 不发生明显变化时，μ_t 加倍。在第 j 轮次，以下两种情况之一出现，即可固定 $\lambda_{t,j}$ 在后续轮次的乘子更新时不变，并作为 t 时段初始乘子值：求解对偶问题前后（$\sum\limits_{i=1}^{M} p_{i,t} - N_t$）正负变化；$\lambda_{t,j}$ 更新后为 0 或超过设定的最大可能值。计算至全部时段的乘子都已固定为止。这一步骤在几个轮次内即可结束，由于乘子更新系数可不断扩大直至得到一个较为合理的结果，可以缓解乘子 $\lambda_{t,1}$ 和更新系数 μ_t 初值设置偏差对求解带来的不利影响。

第二步中：以第一步计算得到的各 $\lambda_{t,j}$ 和 μ_t 作为新的初始值。在每次（$\sum\limits_{i=1}^{M} p_{i,t} - N_t$）正负变化时，$\mu_t$ 减半。若更新后的乘子向量与原向量的距离小于给定精度，则计算结束。在第一步中求得的乘子 $\lambda_{t,j}$ 和更新系数 μ_t 距离最终结果值已经比较接近，差距一般不会超过第二步开始时的 μ_t（$\sum\limits_{i=1}^{M} p_{i,t} - N_t$），为避免出现结果中出现总出力围绕约束值反复震荡的情况，第二阶段在每一次震荡发生后缩小 μ_t 的取值，以逐步减小震荡幅度，在加速收敛的同时提高了算法的鲁棒性。

5.4　应用实例

澜沧江是我国西南地区最重要的河流之一，其发源于海拔 5200m 的青海吉富山，流经西藏、云南，并途经东南亚国家最终注入南海。澜沧江在我国境内干流河长约 2100km，落差约 4580m，流域面积 16.5 万 km²，流域年径流深为 450.2mm。其中，青海境内河长约 448km，流域面积 3.87 万 km²，年径流深为 304.4mm；在西藏境内，河长约 480km，落差约 1250m，流域面积 3.85 万 km²，年径流深为 283.3mm；在云南省境内，河长 1240km，落差 1178m，流域面积 9.1 万 km²，年径流深为 583.8mm。澜沧江流域内雨量丰沛，国境处多年平均年水量约 640 亿 m³，为黄河的 1.2 倍。全流域干流总落差 5500m，91% 集中在澜沧江，仅在糯扎渡电站坝址以上就集中了干流总落差的 90%。因此，澜沧江云南段开发具有重大意义。

澜沧江流域水量丰沛，落差集中；地形地质条件优越，适合建高坝大库；在中下游河段建设小湾和糯扎渡两个装机容量分别为 4200MW、5850MW 的多年调节水库，不仅改善了云南省电源结构中径流式水电站比例过大，调节性能较差，系统"汛弃、枯紧"矛盾比较突出的问题，也为下游梯级电站带来较大的补偿效益，同时，还可提高下游防洪标准改善通航条件。

澜沧江水能资源丰富，水电资源开发主要分为西藏段和云南段两部分。在西藏境内，共规划侧格、约龙、卡贡、班达、如美、古学共六 6 级电站，规划装机容量为 6300MW。在云南境内，从上游至下游共规划 16 级电站，其中在上游河段依次为白塔、古水、乌弄龙、里底、托巴、黄登、大华桥、苗尾共 8 级电站，规划装机容量为 7060MW；中下游河段的 8 级电站依次为功果桥、小湾、漫湾、大朝山、糯扎渡、景洪、橄榄坝和勐松，规划装机容量为 15900MW。目前，澜沧江干流西藏段和云南段上游属于规划或在建状态，云南段中下游除橄榄坝和勐松外，其余 6 座电站已全部投产。

澜沧江流域中下游梯级电站分布见图 5.4，各参与计算电站的特性参数值见表 5.1。

图 5.4　澜沧江流域中下游梯级电站分布图

表 5.1　　　　　　　　　　参与计算电站的特性参数

电站	调节性能	正常高水位 /m	死水位 /m	调节库容 /亿 m³	装机容量 /MW	出力计算方式
功果桥	日调节	1307.00	1303.00	0.49	900.0	耗水率
小湾	多年调节	1240.00	1160.00	99.0	4200.0	耗水率
漫湾	季调节	994.00	982.00	2.58	1550.0	耗水率
大朝山	年调节	899.00	882.00	3.70	1350.0	耗水率
糯扎渡	多年调节	812.00	765.00	113.30	5850.0	耗水率
景洪	季调节	602.00	591.00	3.1	1750.0	耗水率

本书选取中下游已投产的功果桥（900MW）、小湾（4200MW）、漫湾（1670MW）、大朝山（1350MW）、糯扎渡（5850MW）和景洪（1750MW）共 6 座梯级水电站作为研究对象。在上述 6 座水电站群中，当流量低于 1000m³/s 时，功果桥至小湾间平均流达时间为 10h，小湾至漫湾间平均流达时间为 3h，漫湾至大朝山间平均流达时间为 3h，大朝山至糯扎渡平均流达时间为 11h，糯扎渡至景洪平均流达时间为 3h。

目前，中期水电调度主要采用两种方式：一是根据水库长期控制方式确定调度期末水位，以发电量最大原则计算各电站在调度期内调度过程；二是固定未来几日水电系统日电量过程，以期末蓄能最大原则进行负荷分配，以满足实际电力需求。

本书以周期为 10 日的中期计划为例，采用澜沧江干流中下游 2014/5/17—2014/5/26 各水电站的实际入库流量数据，分别在考虑滞时和不考虑滞时的情况下，在对入库流量进行区间流量还原计算的基础上，首先固定各电站末水位，以等出力方式生成各电站的初始解，由逐步优化算法求解发电量最大模型，总出力过程如图 5.5 所示；而后，固定结果中的总出力过程，采用拉格朗

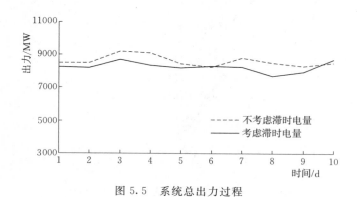

图 5.5　系统总出力过程

日松弛法进行蓄能最大模型求解。由于功果桥只具有日调节能力，在计算时可按径流式电站处理，其他电站如小湾和糯扎渡均为季调节以上电站，可直接参与调节计算。为分析滞时电量对调度结果的影响，本书选择有调节能力的 5 座电站计算结果进行研究。系统相应蓄能过程如图 5.6 所示，分别考虑和不考虑滞时电量时各电站计算结果如图 5.7 所示。

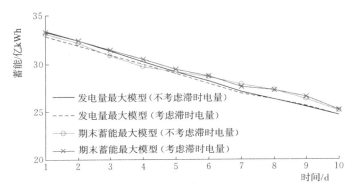

图 5.6　系统相应蓄能过程

　　在计算结果中，整个梯级电站的蓄能呈逐步下降趋势（图 5.6），但选择不同的目标函数以及是否考虑滞时，各电站的计算结果有较大差异（图 5.7）。在以发电量最大为目标时，上游小湾电站水位逐步下降，下游漫湾、大朝山和景洪全部在初期蓄水，并依次将水位升至最高，充分发挥了龙头电站对下游的补偿作用，而糯扎渡电站水位逐步下降除与末水位控制有关外，也与其具有巨大的调节库容有关，致使上游电站补偿作用不明显。以期末蓄能最大为目标时，是否考虑滞时电量对漫湾、大朝山和景洪电站的计算结果有较大影响，如漫湾电站最后时段降低了发电水头，从而保证更多的水量在控制期内被下游利用。以发电量、滞时电量和期末蓄能三部分之和作为系统水能利用指标进行比较，是否将滞时电量纳入目标函数的结果对比见表 5.2。容易看出，是否考虑滞时电量对发电量最大模型在发电量和滞时电量两个指标方面有一定影响。在将滞时电量纳入系统蓄能最大模型时，总的能量指标提高了 0.13 亿 kWh，高于不纳入时。若不考虑滞时电量因素，虽然控制期内电量指标占优，但由于未考虑调度结果后效性，在控制期与其后时段衔接时段造成水能利用效率降低。因而在梯级上下游距离较远时，梯级滞时电量不能够忽略。

　　仅以考虑滞时电量对本书算法进行分析，采用两阶段次梯度法乘子更新策略的拉格朗日松弛法计算中共进行 57 次乘子迭代更新。在第一阶段，仅经过 8 次迭代更新即寻找到全部乘子向量分量新的初始值。在两个阶段衔接处，乘

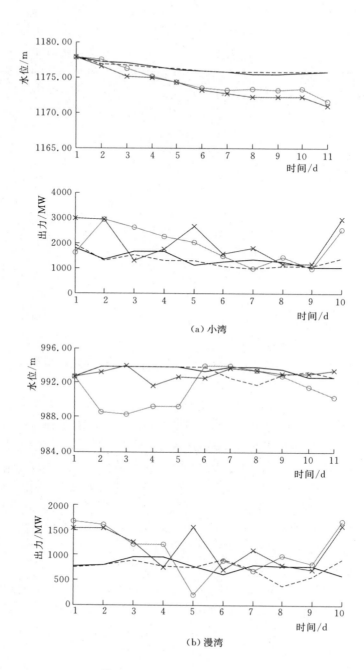

（a）小湾

（b）漫湾

图 5.7（一）　各电站计算结果

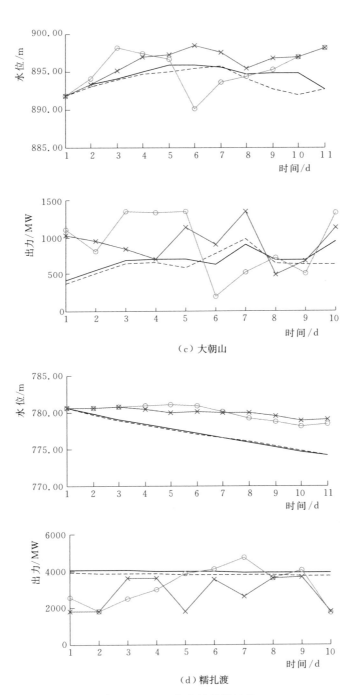

（c）大朝山

（d）糯扎渡

图 5.7（二）　各电站计算结果

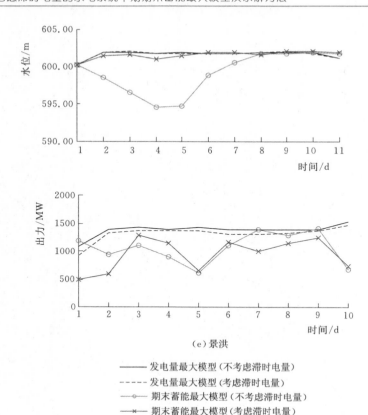

（e）景洪

——— 发电量最大模型（不考虑滞时电量）

------- 发电量最大模型（考虑滞时电量）

—○— 期末蓄能最大模型（不考虑滞时电量）

—×— 期末蓄能最大模型（考虑滞时电量）

图 5.7（三）　各电站计算结果

子发生了几次迭代震荡，但因采用更新系数减小的策略，震荡幅度逐步减小并趋于稳定。由于乘子更新的精度问题，结果中总出力过程与设定值有微小偏差，采用负荷逐步分配法修正以保证与设定值吻合。从表 5.2 中可看出，采用拉格朗日松弛法求解考虑滞时电量的期末蓄能最大模型较发电量最大模型在总的能量指标方面有一定程度提高，因此，拉格朗日松弛法适应用于中期调度计划制定。

表 5.2　　　　　　　　　　　水能计算结果汇总

统　计	滞时电量纳入目标		滞时电量不纳入目标	
	发电量最大模型	期末蓄能最大模型	发电量最大模型	期末蓄能最大模型
期末蓄能/亿 kWh	24.673	25.230	24.673	25.101
总发电量/亿 kWh	19.840	19.840	19.925	19.925
滞时电量/亿 kWh	0.829	0.826	0.743	0.740
合计/亿 kWh	45.342	45.896	45.341	45.766

5.5 小结

随着我国水电资源的大规模开发以及大量水电站投入运行，如何更充分合理地利用水能资源成为了水电调度领域研究的热点。在梯级水电站群中期优化调度中，当梯级水电站最上游和最下游距离较远时，水流滞时问题不容忽略。本书提出了考虑滞时电量的水电系统中期期末蓄能最大模型，并给出了其求解方法，主要结论如下。

（1）引入滞时电量概念建立期末蓄能最大模型；同时利用拉格朗日松弛法进行模型求解，在建立对偶问题的基础上，以逐次逼近算法求解对偶问题，并采用基于两阶段次梯度法的乘子更新策略，避免发生系统总出力值反复震荡现象并加速收敛。

（2）以澜沧江中下游已投产梯级水电站群为实例，将所提模型与未考虑滞时电量的模型进行对比，实例应用表明，中期滞时电量对计算结果有一定影响，将滞时电量纳入优化目标，能够有效提高水电系统的总能量指标，因此，中期调度需充分考虑调度结果的后效性。本书实例应用对于充分利用水能资源，满足水电精细化调度需求，提高梯级水电站群优化运行水平具有一定的借鉴意义。

第6章 中长期水文预报及调度系统设计与实现

6.1 引言

我国水电建设规模的不断扩大以及大型甚至巨型水电站不断投入运行，给我国的水电调度工作带来了前所未有的挑战。伴随着信息网络技术的高速发展，对于水电站群中长期水文预报及调度问题，构建能够满足流域梯级水电集控中心和区域电网运行的水调系统成为必然趋势。作为水调系统的重要组成模块，水电站群中长期水文预报及调度系统具有主要的特点如下。

（1）能够为调度人员提供可靠的中长期水文预报信息，减轻调度人员工作负担，同时在制作调度方案时，能够针对不同的调度对象，提供相应的调度参考方案。

（2）主要集成气象预报、中长期径流预报、中长期发电优化调度等功能模块，并收集处理与水电系统运行相关的信息如系统带宽、机组检修情况等，同时，能够提供良好的图表展现形式以及丰富的报表统计分析功能。

（3）预报和调度各模块的模型及算法，均需大量的基础信息支持，且相互之间存在交叉与复用。如何将这些不同业务功能、不同模型、不同算法进行整合集成，同时满足系统的可扩展性需求以及开展处理业务流程中的共性与个性问题，提高系统安全性和可靠性，是系统研发中需要解决的关键技术问题。

（4）预报和调度模块需要从第三方数据平台提取数据信息，如降雨预报信息等，因系统之间相互独立，数据源相互封闭，无法直接实现共享，需要采用API编程接口的方式实现。

近年来，国内已有一些单位或高校根据水电企业运行需求，研发了水电系统预报调度软件，一定程度上解决了我国水电企业运营管理中存在的预报和调度难题。借鉴前人研究成果以及开发经验，并结合当前工程实际中出现的新的问题和需求，利用当前主流的系统开发框架与编程技术，设计开发了通用性较好的水电站群中长期水文预报和调度系统。系统基于B/S模式，采取客户端缓存技术，能够减少服务器端内存占用，提高访问效率，该系统已被用于生产实际。本章将重点阐述水电站群中长水文预报和调度系统架构设计、功能设计等方面的关键技术问题。

6.2 系统设计

6.2.1 系统开发运行环境

本系统选择的基于 J2EE 技术体系的 B/S 三层架构模式，是大型应用软件的主流模式。该架构可以在 Windows 和 Linux 平台下运行，因具有跨平台性、移植性好的特点，在开发和维护方面具有较大优势。系统以 Oracle10g 作为数据库服务器，以 Tomcat6.0 作为 Web 服务器，服务器端应用程序采用 Java、XML 等语言，客户端图形界面采用 Java Applet、JSP、HTML、JavaScript 等技术进行开发，客户端运行环境使用 JRE6.0 或以上。

6.2.2 总体架构

系统开发采用三层架构模式，即表示层、业务层和数据层。其中表示层为与用户交互的界面，用于接收用户输入的数据和显示处理后用户需要的数据；业务层是对数据层的操作，对数据业务进行逻辑处理，该层通常包含 Web 服务器和应用服务器，负责所有中长期预报及调度核心功能的实现，并承担表示层和数据层之间的数据传递；数据层主要与不同类别的数据库交互，实现对数据操作。系统结构框架如图 6.1 所示。

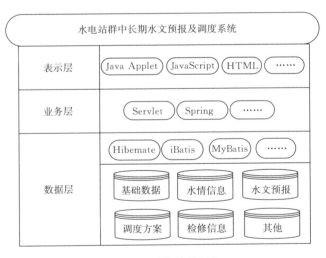

图 6.1 系统结构框架

开发技术可选用常见的 Java Applet、JavaScript、HTML、JSP、Servlet 等，并根据系统功能特点，独立开发三层开发模式中常用的工具包，也可结合实际项目需求选择采用第三方开源工具包 SSH（Struts＋Spring＋ Hibernate）和 SSM（Spring＋ SpringMVC＋MyBatis）等技术，以便于减轻开发工作强度以及项目后期维护。对于数据库，可选用系统可移植性好、使用方便、功能强，适用于多种环境，具有高效率、可靠性好等特点的 Oracle10g 作为数据存储仓库，利于系统数据的可用性、安全性、稳定性及可扩展性，便于通过编程接口与第三方系统数据进行交互。

为减少对第三方工具包的依赖性，系统可采用技术非常成熟的 Java Applet＋Servlet 模式进行动态网页设计，能够满足用户对人机交互功能的快速响应需求。

6.2.3　数据接口及数据库表设计

设计开发的水电站群中长期水文预报及调度系统，若要满足实际生产需求，必须具备较可靠的中长期预报精度，并能够编制科学、合理、符合实际调度需求的梯级水电站群中长期发电优化调度方案。为此，需充分利用流域气象降雨预报信息、水库群历史径流信息、典型径流过程、水情及工情数据、机组检修信息等，通过 API 接口（Application Programming Interface）使用 HttpClient 相关类，实现用 POST 请求发送 JSON 格式数据，从其他数据库提取信息。电网系统制作中长期调度方案时，将优先考虑作为清洁能源的水电资源，因此，系统需设计 API 接口供第三方系统平台访问水电站群中长期优化调度方案成果。系统接口总体设计方案主要如图 6.2 所示。

系统数据库除水电站属性等基础信息和用户管理外，主要可分为预报库和调度库两个部分。

预报库中主要有预报模型表、预报模型参数表、模型预报成果表、预报模型的制作与维护等；通过 API 接口提取的气象预报数据包括预报降雨以及点-面转换关系表等数据，水情数据主要包括历史径流和历史降雨等信息，涉及日、旬、月入库流量表等，提取的信息不仅用于模型预报，也可将预报结果与历史同期数据进行比较。

调度库有调度固定参数表、调度变动参数表、调度成果表、调度成果说明表等。调度固定参数表存储不随时间变化的调度计算参数，调度变动参数表存储随时间变化的调度计算参数。调度成果表用于保存调度方案，调度成果说明表则保存对各个方案的说明及附属信息。调度库主要存储本系统制作的优化调度方案成果，在制作调度方案时，需结合径流预报成果，通过 API 接口提取日、旬、月历史径流数据、水库实时水位、下泄流量等水情数据信息，设备检修等工情信息以及系统负荷需求信息。

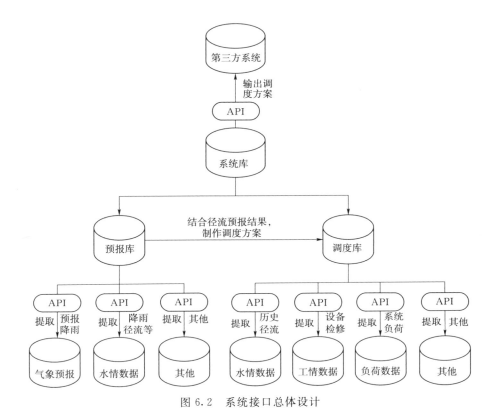

图 6.2　系统接口总体设计

6.2.4　系统功能设计

水电站群中长期水文预报及调度系统主要包括数据管理、参数率定、模型预报、优化调度、成果管理等功能模块。该系统在系统库和 API 编程接口支持下工作，由 Web 服务器生成动态交互式页面，各类授权用户在客户端通过浏览器即可完成相关业务操作。

水文预报子系统包括长期水文预报和中期水文预报。长期预报以月或旬为预报时段，提供未来一年及一年以上的长期径流预报，并提供按年方式或月方式计算的预报；中期预报采用结合定量降水预报信息，以日为预报时段，可提供未来几天的自动、滚动式在线中期径流预报。

水电站群中长期发电优化调度子系统采用多方案的管理模式，可以方便地协助用户完成新建方案、对象选择、约束条件设置、调节计算和成果管理等关键环节，开展中长期发电优化调度。

中长期水文预报与水电站群中长期优化调度核心功能模块之间的关系如图 6.3 所示。

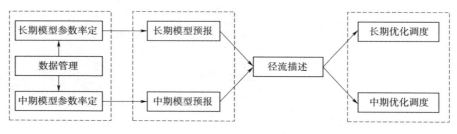

图 6.3　系统核心功能模块关系

（1）数据层。主要是考虑预报模型和调度模型特点，根据制作水文模型预报和水库群调度方案特点，开展数据库表及数据接口设计，通过数据接口，从其他数据库提取一些所需信息。

（2）表示层。系统表示层主要采用 Java Applet、JSP、JavaScript、AJAX、HTML 等技术实现。考虑用户需求，人机界面设计友好，主要特点有：①丰富的多种图表表现形式，并具有图表联动功能；②多线程技术支持下的模型参数率定和优化调度整个过程动态化展示；③预报结果和优化调度结果可控的人工干预技术，充分发挥操作人员实践经验。

（3）业务层。可采用成熟的 Servlet 技术处理业务逻辑问题，也可采用 Servlet 的简化编程技术 SpringMVC，对请求进行解析、拦截、转发和响应等。用户通过浏览器向服务器提出请求，Web 服务器中的 Servlet 组件或 SpringMVC，接受请求，通过合理组织、协调工作，共同完成复杂的业务。

在系统开发过程中，利用 Java 语言的继承性和多态性，对于对象类设计通用接口（Interface），各个模型仅完成接口方法的具体实现。

6.3　系统实现方式

6.3.1　人机交互技术实现

1. 智能记忆与脚本控制技术[248]

在水电站群中长期优化调度方案制作过程中，因电站数目多、系统规模大，计算条件及约束设置过程极其复杂，极易影响工作效率。为避免繁琐的约束设置，可针对不同的调度方式和时间进行自动识别、区分及记忆各种约束条件，并在新建方案过程中进行自动设置，采用智能记忆与脚本控制技术。这样不仅保证了系统的灵活性，也减少了人为依次设置各种约束和计算条件所带来的麻烦，同样也能降低人工大量输入及设置可能导致错误的几率。

2. 基于MVC模式的图表联动技术及梯级联调技术

模型（Model）—视图（View）—控制器（Controller）（MVC）模式是系统设计中一种常用的设计模式。视图是用户能够看到的应用程序的界面；模型是事物逻辑的内在表示，是整个模式的核心；控制器是事物的流程控制模块，可以理解为接收用户请求，将视图与模型匹配在一起共同完成用户的请求。MVC模式实现了用户界面设计、流程控制和事物逻辑的分离。

制作优化调度方案时，图形和表格被大量用于数据展示，通过图形展示可让用户对数据有直观理解，为了保证数据的一致性，需采用同一个数据模型层，不同控制层及显示层的方式，如图6.4所示。同一个数据模型层的设计模式也为图表联动模式提供了解决方案。表格中的数据若发生变化，只需修改数据模型层的数据，同时提示刷新图形控件，同样图形中的数据若发生变化，也仅需修改数据模型层的数据，同时提示刷新表格。

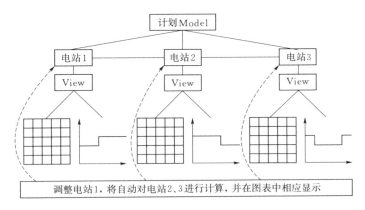

图 6.4　图表联动 Model 示意图

6.3.2　可扩展的模型接口设计

随着水电站的不断投产，整个流域的特性和调节性能发生了改变，原有的优化模型可能已不满足现实需求，这时需要对原有的优化模型进行改进或添加新的优化模型，模型算法接口设计为实现这些需求提供了技术支持。首先定义好模型接口，其功能是使模型程序与应用程序相互分离，如图6.5所示。

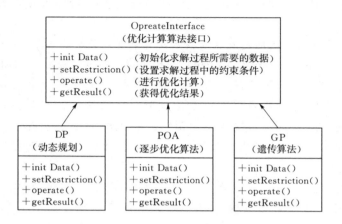

图 6.5　优化模型接口设计

　　优化算法如动态规划，逐次逼近优化，遗传算法等只需实现这些接口，便可以迅速地接入系统，而应用程序在调用优化模型时只需要调用这些接口，便可以进行优化计算。因此，在修改原有模型或添加新模型的过程中，系统原有的数据流程和业务流程不需要做任何修改，保证了系统的稳定性和扩展性，便于系统改造、升级和维护。

6.4　系统应用实例

　　本书前几章主要应用实例涉及漫湾、洪家渡、安砂和新丰江 4 个电站以及红水河和澜沧江 2 个梯级电站群。本书仅以福建电网中长期水文预报及调度系统为例，展示主要功能界面。

　　福建电网水电站群主要特点有 3 个。

　　（1）福建省水电系统非常复杂，水电站数量多，特别是闽江梯级流域水电站群系统，形成了以水口为中心，由上下、左右交错互为关联的复杂水系。

　　（2）福建电网水电站水库总体调节性能较差，年调节以上水库仅 10 余座。

　　（3）福建省降雨频繁、降雨量大，福建省是我国降雨最为频繁的地区，水电站运行面临防洪、发电、通航等艰巨任务。

　　福建电网中长期水文预报及调度系统功能结构见图 6.6。设计开发的系统主要功能界面见图 6.7～图 6.12。

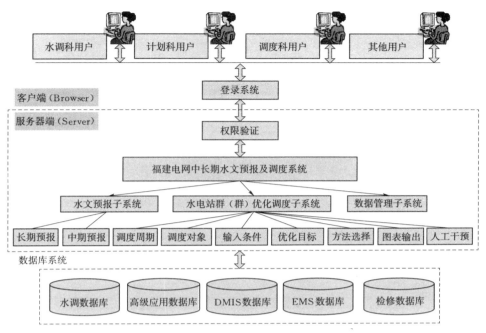

图 6.6　福建电网中长期水文预报及调度系统功能结构

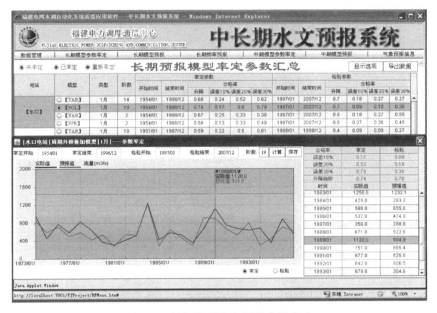

图 6.7　长期模型水文预报参数率定

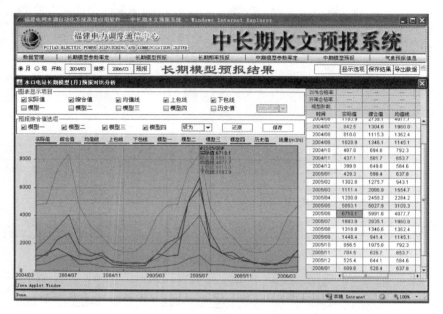

图 6.8　长期模型水文预报结果

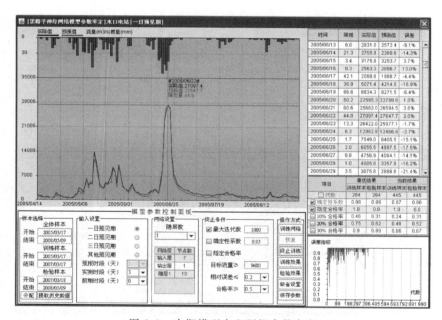

图 6.9　中期模型水文预报参数率定

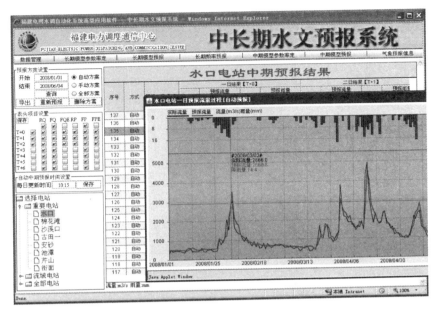

图 6.10 中期模型水文预报结果

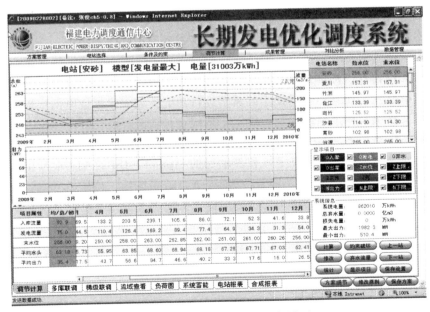

图 6.11 水电站群优化调度主界面

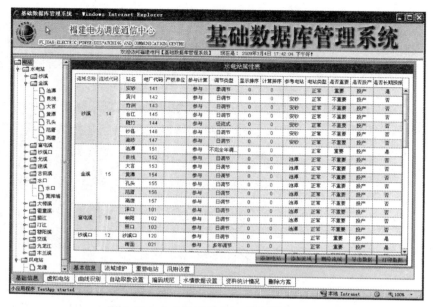

图 6.12　水电站群优化调度系统数据管理

6.5　小结

本章结合我国水电建设投运后面临的预报和调度问题及需求，介绍了基于 B/S 架构模式的水电站群中长期水文预报和优化调度系统。该系统具备完善的功能和架构设计、标准化的数据接口和数据库表设计，不仅通过浏览器较好地实现人机交互，而且能够根据实际需求进行功能扩展。以福建电网水电站群中长期水文预报及调度系统为例，展示了系统相关功能界面。

在系统基于 B/S 架构模式开发中，不同层涉及不同的技术，如业务层的 SpringMVC 或 Servlet 等技术，和表示层的 Applet、JSP、AJAX 等技术。通过综合运用上述多项技术，实现了功能完善，通用性好、计算灵活高效、扩展性能好、界面友好、操作简单的水电站群中长期水文预报及调度系统。

第7章 结论与展望

7.1 结论

随着我国水电建设规模的不断扩大，一批具有电站级数多等特点水电站群陆续投入运行。及时可靠的径流预报信息是水电系统合理运行的重要依据，然而受复杂因素影响以及技术发展水平限制，目前中长期径流预报精度仍然亟待提高；大规模梯级水电站群间的水力联系和电力联系较为复杂，传统优化算法如动态规划因存在"维数灾"问题，难以满足水电系统运行管理的精细化调度需求。本书以我国南方的水电站群为工程背景，围绕预报和调度两大核心问题开展研究。针对中长期径流预报问题深入研究了具有较高预报精度的人工智能技术建模方法；对于调度问题，研究了并行智能算法求解技术以提高计算效率和求解质量，同时研究了水流滞时对水电系统中期调度的影响；同时，设计并开发了水电站群中长期水文预报和调度系统。主要研究成果如下。

（1）针对前馈神经网络在径流预报中常采用梯度下降的参数率定方法，存在计算耗时长和容易陷入局部最优等缺陷问题，建立了基于极端学习机算法（ELM）的小波神经网络（WNN－ELM）中长期径流预报模型。该模型结合小波分析强大的数学分析功能，利用 à trous 小波变换对原数据序列进行分解，然后将小波分解系数作为单隐层前馈神经网络模型（SLFNs）的输入，实际径流数据作为输出建立模型，并利用 ELM 算法率定小波神经网络模型参数。以漫湾和洪家渡两座水电站的月径流预报为例进行验证，并通过与 SLFNs－ELM 模型和支持向量机（SVM）进行比较，结果表明，SLFNs－ELM 模型峰值预测精度略优于 SVM，而 WNN－ELM 模型的预报精度明显优于 SLFNs－ELM 和 SVM 模型，因此，WNN－ELM 模型是一种较为有效可行的预报方法。

（2）回声状态网络（ESN）是一种新型的递归神经网络，具有模型简单、参数训练速度快的特点。针对 ESN 在径流预报中因常采用线性回归率定模型参数容易出现过拟合问题，建立了基于贝叶斯回声状态网络（BESN）的日径流预报模型。该模型将贝叶斯理论与 ESN 模型相结合，通过权重后验概率密度最大化而获得最优输出权重，提高了模型的泛化能力。以通过安砂和新丰江两座水库日径流预测为例，并与传统 BP 神经网络和 ESN 模型对比，表明 BESN 模型具有更好的预测精度，是一种有效、可行的日径流预测方法。

（3）针对差分演化算法（DE）求解水电站群优化调度问题时易陷入局部最优，同时为提高 DE 算法的计算效率，建立了水电站群长期优化调度并行混合差分演化算法（PCSADE）。由于标准 DE 算法的计算效率和求解质量受种群规模大小、初始种群生成策略、缩放因子和交叉因子选择以及进化个体选择操作影响较大，因此，本书针对上述几个方面，采用多种方法对 DE 算法进行改进。首先，利用 tent 映射生成 DE 算法的初始种群并实现对控制参数（缩放因子和交叉因子）进行动态调整；其次，利用模拟退火算法，依据 Metropolis 准则改进 DE 算法的局部搜索能力；最后，基于 Fork/Join 并行框架技术，实现对改进算法（CSADE）进行并行化计算，并测试了不同种群规模下 PC-SADE 算法的性能。以红水河流域梯级水电站群长期优化调度为应用实例，表明所建混合算法 CSADE 全局搜索能力强，而并行混合算法 PCSADE 提高了求解效率和求解质量。

（4）针对梯级电站因最上游和最下游距离较远而在中期调度中存在类似短期调度的水流滞时问题，建立了考虑滞时电量的期末蓄能最大模型，并采用基于两阶段次梯度法乘子更新策略的拉格朗日松弛法进行模型求解。首先利用逐步优化算法求解发电量最大模型，以确定调度期内的系统出力过程；然后建立期末蓄能最大模型，根据系统负荷需求，利用拉格朗日松弛法进行模型求解，并在建立对偶问题的基础上，以逐次逼近算法求解对偶问题，以两阶段次梯度法进行乘子更新，即：第一阶段通过系数递增策略快速确定乘子初始值，第二阶段采用递减策略加速算法收敛速度。以澜沧江中下游梯级水电站群中期优化调度为例，将所建模型与未考虑滞时电量模型进行对比，实例结果表明，中期滞时电量对计算结果有一定影响，中期调度需充分考虑调度结果的后效性。

（5）针对水电站群中长期水文预报和调度问题及实际生产需求，设计并开发了基于 B/S 架构模式的水电站群中长期水文预报和优化调度系统。围绕系统开发环境、功能和架构设计、数据接口和数据库表设计等多方面设计系统，同时实现人机交互，并且能够根据实际需求进行功能扩展。综合运用多种开发技术，并以福建电网水电站群中长期水文预报及调度系统为例，展示了系统相关功能界面。

7.2　展望

径流预报和调度是水电系统运行管理中的两大核心问题。如何研制具有较高预报精度的径流预报模型和便捷高效的实用化水电调度方法，一直是水文预报和水电站群调度领域研究的热点和难点。本书虽然在人工智能技术径流预报建模方法，水电站群调度智能算法并行计算，合理评价水电中期滞时电量方面，取得了一些可行、有效且实用的研究成果，但还存在一些问题需要进一步完善。

（1）搜集资料进一步完善研究的系统性问题。本书虽然思路明确即针对水电站群径流预报和调度问题，分别从长期和中期角度进行研究，并取得了一些成果，但目前因资料所限，各章节的实例应用部分并非针对同一个流域进行研究，在某种程度上影响了论文的系统完整性，因此，本书将继续搜集资料，进一步验证本书所取得的研究成果，同时希望以现有成果为基础并且考虑应用其他成熟的理论与方法，力争研发水电站群中长期径流预报和发电调度系统。

（2）极端学习机算法输入权重和阈值的随机性问题。虽然极端学习机算法具有良好的性能，但受其输入权重和隐层结点阈值随机给定影响，本书所获得的月径流预报模型参数可能并非全局最优。尽管本书采用简单平均法在一定程度上缓解了该影响，但为获得性能更好的模型参数，需要面向中长期径流预报问题，进一步开展理论研究。

（3）预报降雨数据问题。及时可靠的降雨预报信息是开展中短期径流预报的重要前提和基础。但实际中，流域气象降雨数值预报精度离建立高精度日径流预报模型还有一定差距。为消除降雨预报误差，合理评价模型性能，本书采用的日降雨数据为实测降雨。为建立更加实用化的径流预报模型，需开展研究高精度降雨预报技术。水文集合预报技术因采用不同的气象预报产品，能够提供较高的降雨预报精度，成为本文下一步的研究重点。

（4）其他先进的并行技术研究。CPU 和 GPU 多核并行以及云计算是当前研究的热点问题。本书基于 CPU 多核并行技术实现了智能算法并行计算。随着计算机技术的发展，GPU 多核并行以及云计算技术已逐渐成熟，如何将两者应用于水文模型参数率定和水电站群优化调度问题求解，仍然需要深入研究。

附 录　标 准 测 试 函 数

1. Sphere Model

$$f_1(x) = \sum_{i=1}^{D} x_i^2, \quad -100 \leqslant x_i \leqslant 100$$

$$\min(f_1) = f_1(0, \cdots, 0) = 0$$

2. Schwefel's Problem 2.22

$$f_2(x) = \sum_{i=1}^{D} |x_i| + \prod_{i=1}^{D} |x_i|, \quad -10 \leqslant x_i \leqslant 10$$

$$\min(f_2) = f_2(0, \cdots, 0) = 0$$

3. Generalized Rosenbrock's Function

$$f_3(x) = \sum_{i=1}^{D-1} \left[100 \, (x_{i+1} - x_i^2)^2 + (x_i - 1)^2 \right], \quad -30 \leqslant x_i \leqslant 30$$

$$\min(f_3) = f_3(0, \cdots, 0) = 0$$

4. Schwefel's Problem 1.2

$$f_4(x) = \sum_{i=1}^{D} \left(\sum_{j=1}^{i} x_j \right)^2, \quad -100 \leqslant x_i \leqslant 100$$

$$\min(f_4) = f_4(0, \cdots, 0) = 0$$

5. Step Function

$$f_5(x) = \sum_{i=1}^{D} (\lfloor x_i + 0.5 \rfloor)^2, \quad -100 \leqslant x_i \leqslant 100$$

$$\min(f_5) = f_5(0, \cdots, 0) = 0$$

6. Generalized Griewank Function

$$f_6(x) = \frac{1}{4000} \sum_{i=1}^{D} x_i^2 - \prod_{i=1}^{D} \cos\left(\frac{x_i}{\sqrt{i}}\right) + 1, \quad -600 \leqslant x_i \leqslant 600$$

$$\min(f_6) = f_6(0, \cdots, 0) = 0$$

144

参 考 文 献

[1] 贾金生. 中国和世界水电建设进展情况 [N/OL]. 在线国际商报, 2009, 9, 6. http://www.zswj.com/newsinfo.aspx? NId=6922&NodeID=128.

[2] 郑守仁. 我国水能资源开发利用的机遇与挑战 [J]. 水利学报, 2007 (S1): 1-6.

[3] 汤成友, 管学文, 张世明. 现代中长期水文预报方法及其应用 [M]. 北京: 中国水利水电出版社, 2008.

[4] 章淹. 致洪暴雨中期预报进展 [J]. 水科学进展, 1995, 6 (2): 162-168.

[5] 李鸿雁, 王玉新, 段长春. 嫩江流域径流的大气环流影响极其敏感性分析 [J]. 吉林大学 (工学版), 2010, 40 (3): 879-883.

[6] 刘春蓁, 占车生, 夏军, 等. 关于气候变化与人类活动对径流影响研究的评述 [J]. 水利学报, 2014, 45 (4): 379-385.

[7] 张剑明, 廖玉芳, 蒋元华. 2015 年湖南冬汛成因分析 [J]. 气象, 2017, 43 (10): 1186-1197.

[8] 郑炎辉, 陈晓宏, 何艳虎, 等. 珠江流域降水集中度时空变化特征及成因分析 [J]. 水文, 2016, 36 (5): 22-28.

[9] Box G E P, Jenkins G M. Time series analysis: forecasting and control [M]. San Francisco: Holden Day. 1970.

[10] 丁晶, 刘权授. 随机水文学 [M]. 北京: 中国水利水电出版社, 1997.

[11] 李崇浩, 纪昌明, 陈森林, 等. 水文周期迭加预报模型的改进及应用 [J]. 长江科学院院报, 2006, 23 (2): 17-20.

[12] 马柱国. 黄河径流量的历史演变规律及成因 [J]. 地球物理学报, 2005, 48 (6): 1270-1275.

[13] 许士国, 王富强, 李红霞, 等. 洮儿河镇西站径流长期预报研究 [J]. 水文, 2007, 27 (5): 86-89.

[14] 张晓晓, 张钰, 徐浩杰. 1960—2010 年洮河流域径流变化趋势及影响因素 [J]. 兰州大学学报 (自然科学版), 2013, 23 (49): 38-43.

[15] 陈守煜. 模糊水文学 [J]. 大连理工大学学报, 1988 (1): 93-97.

[16] 陈守煜. 模糊水文学与水资源系统模糊优化原理 [M]. 大连: 大连理工大学出版社, 1990.

[17] 陈守煜, 周惠成. 水文点值预报与分组预报精度评价的一种数学方法 [J]. 水能技术经济, 1986 (1): 23-27.

[18] 陈守煜. 中长期水文预报综合分析理论模式与方法 [J]. 水利学报, 1997 (8): 15-21.

[19] 陈守煜. 工程模糊集理论与应用 [M]. 北京: 国防工业出版社, 1998.

[20] Hundecha Y, Bardossy A, Theisen H W. Development of a fuzzy logic - based rainfall -

runoff model [J]. Hydrological Sciences Journal, 2001, 46 (3): 363 – 376.

[21] Chen S Y, Fu G T. A drastic – based fuzzy pattern recognition methodology for groundwater vulnerability evaluation [J]. Hydrological Sciences Journal, 2003, 48 (2): 211 – 220.

[22] 王振宇, 梁汉华, 刘国华. 雨季段中长期预报模糊聚类模型及其应用 [J]. 水力发电学报, 2005, (2): 30 – 34, 45.

[23] 邓聚龙. 灰色控制系统 [J]. 华中工学院学报, 1982, 10 (3): 9 – 18.

[24] 夏军, 叶守泽. 灰色系统方法在洪水径流预测中的应用研究与展望 [J]. 水电能源科学, 1995, 13 (3): 197 – 205.

[25] 李正最. 长期径流预报的灰色关联决策模型 [J]. 水电能源科学, 1991, 9 (4): 308 – 314.

[26] 蓝永超. 灰色系统理论的关联分析在融雪径流预报中的应用探讨 [J]. 冰川冻土, 1993, 15 (3): 481 – 486.

[27] 袁喆, 杨志勇, 史晓亮, 等. 灰色微分动态自记忆模型在径流模拟及预测中的应用 [J]. 水利学报, 2013, 44 (7): 791 – 799.

[28] Haykin S. Neural networks: a comprehensive foundation [M]. New York: Mac – Millan, 1994.

[29] McCulloch W S, Pitts W. A logic calculus of the ideas immanent in nervous activity [J]. Bulletin of Mathematical Biology, 1943, 5: 115 – 133.

[30] Hopfield J J. Neural networks and physical systems with emergent collective computational abilities [C]. in Proceedings of the National Academy of Sciences. 1982: 2554 – 2558.

[31] ASCE – Task – Committee. Artificial neural networks in hydrology – I: Preliminary concepts [J]. Journal of Hydrologic Engineering, 2000, 5 (2): 115 – 123.

[32] 丛爽, 戴谊. 递归神经网络的结构研究 [J]. 计算机应用, 2004, 24 (8): 18 – 20.

[33] Hagan M T, Menhaj M B. Training feedforward networks with the Marquardt algorithm [J]. IEEE Transactions on Neural Networks, 1994, 5 (6): 989 – 993.

[34] Chau K W. Particle swarm optimization training algorithm for ANNs in stage prediction of Shing Mun River [J]. Journal of Hydrology, 2006, 329 (3 – 4): 363 – 367.

[35] Huang G B, Zhu Q Y, Siew C K. Extreme learning machine: Theory and applications [J]. Neurocomputing, 2006, 70 (1 – 3): 489 – 501.

[36] Kang K W, Kim J H, Park C Y, et al. Evaluation of hydrological forecasting system based on neural network model [C]. in Proceedings of 25th Congress of International Association for Hydrological Research. Delft, The Netherlands, 1993: 257 – 264.

[37] 胡铁松, 袁鹏, 丁晶. 人工神经网络在水文水资源中的应用 [J]. 水科学进展, 1995, 6 (1): 76 – 82.

[38] Markus M, Salas J D, Shin H K. Predicting streamflows based on neural networks [C]. in Proceedings of 1st International Conference on Water Resources Engineering.

New York：ASCE，1995：1641 - 1646.

［39］ Coulibaly P，Anctil F，Bobee B. Daily reservoir inflow forecasting using artificial neural networks with stopped training approach ［J］. Journal of Hydrology，2000，230（3 - 4）：244 - 257.

［40］ Sudheer K P，Gosain A K，Ramasastri K S. A data - driven algorithm for constructing artificial neural network rainfall - runoff models ［J］. Hydrological Processes，2002，16（6）：1325 - 1330.

［41］ 屈亚玲，周建中，刘芳，等. 基于改进的 Elman 神经网络的中长期径流预报 ［J］. 水文，2006（1）：45 - 50.

［42］ Cheng C T，Xie J X，Chau K W，et al. A new indirect multi - step - ahead prediction model for a long - term hydrologic prediction ［J］. Journal of Hydrology，2008，361（1 - 2）：118 - 130.

［43］ Lee K T，Hung W C，Meng C C. Deterministic insight into ANN model performance for storm runoff simulation ［J］. Water Resources Management，2008，22（1）：67 - 82.

［44］ 赵铜铁钢，杨大文. 神经网络径流预报模型中基于互信息的预报因子选择方法 ［J］. 水力发电学报，2011，（1）：24 - 30.

［45］ 陈璐，叶磊，卢韦伟，等. 基于 Copula 熵的神经网络径流预报模型预报因子选择 ［J］. 水力发电学报，2014，33（6）：25 - 29，90.

［46］ Bomers A，Meulen B，Schielen R M J，et al. Historic Flood Reconstruction With the Use of an Artificial Neural Network ［J］. Water Resources Research，2019，55（11）：10. 1029/2019WR025656.

［47］ 万新宇，华丽娟，孙淼焱，等. 基于 Elman 网络和实时递归学习的洪水预报研究 ［J］. 水力发电，2019，45（4）：12 - 16.

［48］ Li C，Zhu L，He Z，et al. Runoff prediction method based on adaptive elman neural network ［J］. Water，2019，11（6）：1113.

［49］ Vapnik V. The nature of statistical learning theory ［M］. New York：Springer Verlag. 1995.

［50］ Liong S Y，Sivapragasm C. Flood stage forecasting with support vector machines ［J］. Journal of the American Water Resources Association，2002，38（1）：173 - 186.

［51］ Bray M，Han D. Identification of support vector machines for runoff modelling ［J］. Journal of Hydroinformatics，2004，6（4）：265 - 280.

［52］ 林剑艺，程春田. 支持向量机在中长期径流预报中的应用 ［J］. 水利学报，2006，37（6）：681 - 686.

［53］ 李彦彬，黄强，徐建新，等. 河川径流中长期预测的支持向量机模型 ［J］. 水力发电学报，2008，27（5）：28 - 32.

［54］ 郭俊，周建中，张勇传，等. 基于改进支持向量机回归的日径流预测模型 ［J］. 水力发电，2010，36（3）：12 - 15.

[55]　于国荣，夏自强. 混沌时间序列支持向量机模型及其在径流预测中应用 [J]. 水科学进展，2008，(1)：116-122.

[56]　崔东文，金波. 基于改进的回归支持向量机模型及其在年径流预测中的应用 [J]. 水力发电学报，2015，34 (2)：7-14.

[57]　Kisi O. Neural network and wavelet conjunction model for modelling monthly level fluctuations in Turkey [J]. Hydrological Processes，2009，23 (14)：2081-2092.

[58]　Bodyanskiy Y，Vynokurova O. Hybrid adaptive wavelet - neuro - fuzzy system for chaotic time series identification [J]. Information Sciences，2013，220：170-179.

[59]　王文圣，丁晶，向红莲. 小波分析在水文学中的应用研究及展望 [J]. 水科学进展，2002，13 (4)：515-520.

[60]　刘俊萍，田峰巍，黄强，等. 基于小波分析的黄河河川径流变化规律研究 [J]. 自然科学进展，2003 (4)：49-53.

[61]　李辉，练继建，王秀杰. 基于小波分解的日径流逐步回归预测模型 [J]. 水利学报，2008，(12)：1334-1339.

[62]　李致家，周轶，李志龙，等. 小波变换与 BP 神经网络耦合的洪水预报方法 [J]. 水力发电学报，2009，28 (2)：20-24.

[63]　Maheswaran R，Khosa R. Comparative study of different wavelets for hydrologic forecasting [J]. Computers & Geosciences，2012，46：284-295.

[64]　王素慧，贾绍凤，吕爱锋. 基于小波的三江源年径流变化的周期性分析及趋势预测 [J]. 首都师范大学学报（自然科学版），2010，31 (5)：51-57.

[65]　Breaford P W，Seyfried，M S，Matison T H. Searching for chaotic dynamic in snowmelt runoff [J]. Water Resources Research，1991，27 (6)：1005-1010.

[66]　张欣莉，丁晶. 参数投影寻踪回归及其在年径流预测中的应用 [J]. 四川大学学报（工学版），2000，32 (4)：13-15.

[67]　路桂华，吴娟，吴志勇. 水文集合预报试验及其研究进展 [J]. 水科学进展，2012，23 (5)：728-734.

[68]　张利平，王德智，夏军，等. 相空间神经网络模型及其在水文预测中的应用 [J]. 水电能源科学，2004，22 (1)：5-7.

[69]　权先璋，温权，张勇传. 混沌预测技术在径流预报中的应用 [J]. 华中理工大学学报，1999，27 (12)：41-43.

[70]　金菊良，魏一鸣，丁晶. 投影寻踪门限回归模型在年径流预测中的应用 [J]. 地理科学，2002，22 (2)：171-175.

[71]　赵永龙，丁晶，邓育仁. 相空间小波网络模型及其在水文中长期预测中的应用 [J]. 水科学进展，1998，9 (3)：252-257.

[72]　包红军，赵琳娜. 基于集合预报的淮河流域洪水预报研究 [J]. 水利学报，2012，43 (2)：216-224.

[73]　金君良，舒章康，陈敏，等. 基于数值天气预报产品的气象水文耦合径流预报 [J]. 水科学进展，2019，30 (3)：316-325.

［74］ Krishna B，Nayak P C，Rao Y R S. Wavelet neural network model for river flow time series ［J］. Proceedings of the Institution of Civil Engineers – Water Management，2012，165（8）：425 – 439.

［75］ Kisi O，Cimen M. A wavelet – support vector machine conjunction model for monthly streamflow forecasting ［J］. Journal of Hydrology，2011，399（1 – 2）：132 – 140.

［76］ Kisi O. Wavelet regression model as an alternative to neural networks for monthly streamflow forecasting ［J］. Hydrological Processes，2009，23（25）：3583 – 3597.

［77］ Chang F J，Chen Y C，Liang J M. Fuzzy clustering neural network as flood forecasting model ［J］. Nordic Hydrology，2002，33（4）：275 – 290.

［78］ Zhong W，Song Y. Wavelet neural networks model used for runoff forecast based on fuzzy C – means clustering ［C］. IEEE 2009 2nd International Conference on Biomedical Engineering and Informatics，Tianjin，2009.

［79］ Corani G，Guariso G. Coupling fuzzy modeling and neural networks for river flood prediction ［J］. IEEE Transactions on Systems Man and Cybernetics Part C – Applications and Reviews，2005，35（3）：382 – 390.

［80］ Little J D C. The use of storage water in a hydroelectric system ［J］. Journal of the Operations Research Society of America，1955，3（2）：187 – 197.

［81］ Yeh W. Reservoir management and operations models：a state – of – the – art review ［J］. Water Resouces Research，1985，21（12）：1797 – 1818.

［82］ 谭维炎，刘健民，黄守信，等. 应用随机动态规划进行水电站水库的最优调度 ［J］. 水利学报，1982（7）：2 – 7.

［83］ Windsor J S，Chow V T. Multireservoir optimization model ［J］. Journal of the Hydraulics Division – ASCE，1972，98（HY10）：1827 – 1945.

［84］ Becker L，Yeh W W G. Optimization of real time operation of multiple – reservoir system ［J］. Water Resources Research，1974，10（6）：1107 – 1112.

［85］ 伍宏中. 水电站群补偿径流调节的线性规划模型及其应用 ［J］. 水力发电学报，1998（1）：10 – 22.

［86］ 吴杰康，郭壮志，秦篱寒，等. 基于连续线性规划的梯级水电站优化调度 ［J］. 电网技术，2009，33（8）：24 – 29.

［87］ Hiew K，Optimization algorithms for large scale multi – reservoir hydropower systems ［D］. Colorado：Colorado State University，1987.

［88］ Barros M T L，Tsai F T C，Yang S，et al. Optimization of large – scale hydropower system operations ［J］. Journal of Water Resources Planning and Management，2003，129（3）：178 – 188.

［89］ Bazarra M，Sherali H，Shetty C. Nonlinear programming：Theory and algorithms ［M］. New York：Wiley，1993.

［90］ Arnold E，Tatjewski P，Wolochowicz P. Two methods for large – scale nonlinear optimization and their comparison on a case study of hydropower optimization ［J］. Journal of Optimization Theory and Applications，1994，81（2）：221－248.

[91] Needham J，Watkins D，Lund J，et al. Linear programming for flood control in the I-owa and Des Moines rivers［J］. Journal of Water Resources Planning and Management，2000，126（3）：118－127.

[92] 贾江涛，翟桥柱，管晓宏，等. 水库群水电站短期调度的整数规划方法［J］. 西安交通大学学报，2008，48（8）：1006－1009.

[93] 吴宏宇，管晓宏，翟桥柱，等. 水火电联合短期调度的混合整数规划方法［J］. 中国电机工程学报，2009，29（28）：82－88.

[94] 葛晓琳，舒隽，张粒子. 考虑检修计划的中长期水火电联合优化调度方法［J］. 中国电机工程学报，2012，32（13）：36－43.

[95] 夏清，相年德，王世缨，等. 非线性最小费用网络流新算法及其应用［J］. 清华大学学报（自然科学版），1987，27（4）：1－10.

[96] 梅亚东，冯尚友. 网络流规划在水电站水库系统长期优化调度中的应用［J］. 武汉水利电力学院学报，1989，22（2）：6－15.

[97] Lund J，Ferreira I. Operating rule optimization for Missouri River reservoir system［J］. Journal of Water Resources Planning and Management，1996，122（4）：287－295.

[98] Labadie J W. Optimal operation of multireservoir：state of the art review［J］. Journal of Water Resources Planning and Management，2004，130（2）：93－111.

[99] Young G K. Finding reservoir operating rules［J］. Journal of the Hydraulics Division - ASCE，1967，93（6）：297－321.

[100] Yeh W，Trott W. Optimization of water resources development：Optimization of capacity specification for components of regional，complex，integrated，multi-purpose water resources systems［M］. Los Angeles：Engineering Rep. No. 7245，Univ. of California，1972.

[101] 武小悦，施熙灿，王路. 水电站水库群长期联合优化调度［J］. 水电能源科学，1990，8（2）：197－202.

[102] Yi J，Labdie J，Stitt S. Dynamic optimal unit commitment and loading in hydropower systems［J］. Journal of Water Resources Planning and Management，2003，129（5）：388－398.

[103] 陈立华，梅亚东，杨娜，等. 水库群长期优化调度模型与水力关联矩阵［J］. 武汉大学学报（工学版），2009，42（3）：308－312.

[104] 程春田，杨凤英，武新宇，等. 基于模拟逐次逼近算法的梯级水电站群优化调度图研究［J］. 水力发电学报，2010，29（6）：71－77.

[105] Heidari M，Chow V T，Kokotovic P V，et al. Discrete differential dynamic programming approach to water resources system optimazation［J］. Water Resources Research，1971，7（2）：273－283.

[106] 纪昌明，冯尚友. 混联式水电站群动能指标和长期调度最优化（运用离散微分动态规划法）［J］. 武汉大学学报（工学版），1984，（3）：87－95.

[107] Howson H R, Sancho N G F. A new algorithm for the solution of multi – state dynamic programming problems [J]. Mathematical Programming, 1975, 8 (1): 104 – 116.

[108] 杨侃, 丰景春, 陆桂华. 水库调度中逐次优化算法 (POA) 的收敛性研究 [J]. 河海大学学报, 1996, 24 (1): 104 – 107.

[109] 宗航, 周建中, 张勇传. POA 改进算法在梯级电站优化调度中的研究和应用 [J]. 计算机工程, 2005, 29 (17): 105 – 109.

[110] 周佳, 马光文, 张志刚. 基于改进 POA 算法的雅砻江梯级水电站群中长期优化调度研究 [J]. 水力发电学报, 2010, 29 (3): 18 – 22.

[111] 杨侃. 大型水电站经济运行的多重动态规划模型 [J]. 河海大学学报, 1995, 23 (4): 85 – 90.

[112] 黄强. 用模糊动态规划法进行水电站水库优化调度 [J]. 水力发电学报, 1993 (40): 27 – 36.

[113] 梅亚东. 梯级水库优化调度的有后效性动态规划模型及应用 [J]. 水科学进展, 2000, 11 (2): 194 – 198.

[114] 邹进, 张勇传. 三峡梯级电站短期优化调度的模糊多目标动态规划 [J]. 水利学报, 2005, 36 (8): 925 – 931.

[115] 赵铜铁钢, 雷晓辉, 蒋云钟, 等. 水库调度决策单调性与动态规划算法改进 [J]. 水利学报, 2012, 43 (4): 414 – 421.

[116] 冯仲恺, 廖胜利, 牛文静, 等. 梯级水电站群中长期优化调度的正交离散微分动态规划方法 [J]. 中国电机工程学报, 2015, 35 (18): 4635 – 4644.

[117] 纪昌明, 李传刚, 刘晓勇, 等. 基于泛函分析思想的动态规划算法及其在水库调度中的应用研究 [J]. 水利学报, 2016, 47 (1): 1 – 9.

[118] 冯仲恺, 程春田, 牛文静, 等. 均匀动态规划方法及其在水电系统优化调度中的应用 [J]. 水利学报, 2015, 46 (12): 1487 – 1496.

[119] 史亚军, 彭勇, 徐炜. 基于灰色离散微分动态规划的梯级水库优化调度 [J]. 水力发电学报, 2016, 35 (12): 35 – 44.

[120] Maheswari S, Vijayalakshmi C. An optimal design to schedule the hydro power generation using lagrangian relaxation method [C]. in Proceedings of the International Conference on Information Systems Design and Intelligent Applications 2012. Visakhapatnam, India: Springer Berlin Heidelberg. 2012: 723 – 730.

[121] Cheng C P, Liu C W, Liu C C. Unit commitment by lagrangian relaxation and genetic algorithms [J]. IEEE Transactions on Power Systems, 2000, 15 (2): 707 – 713.

[122] Guan X, Ni E, Li R. An optimization – based algorithm for scheduling hydrothermal power systems with cascaded reservoirs and discrete constraints [J]. IEEE Transactions on Power Systems, 1997, 12 (4): 1775 – 1780.

[123] Benhamida F, Abdelbar B. Enhanced lagrangian relaxation solution to the generation scheduling problem [J]. International Journal of Electrical Power & Energy Systems, 2010, 32 (10): 1099 – 1105.

［124］ 马光文，王黎. 遗传算法在水电站优化调度中的应用［J］. 水科学进展，1997（3）：275-280.

［125］ 刘攀，郭生练，李玮，等. 遗传算法在水库调度中的应用综述［J］. 水利水电科技进展，2006，22（4）：378-381.

［126］ Reddy M J，Kumar D N. Optimal reservoir operation using multi-objective evolutionary algorithm［J］. Water Resources Management，2006，20（6）：861-878.

［127］ Chen L，Chang F J. Applying a real-coded multi-population genetic algorithm to multi-reservoir operation［J］. Hydrological Processes，2007，21：688-698.

［128］ 陈立华，梅亚东，董雅洁，等. 改进遗传算法及其在水库群优化调度中的应用［J］. 水利学报，2008，39（5）：550-556.

［129］ 杨光，郭生练，李立平，等. 考虑未来径流变化的丹江口水库多目标调度规则研究［J］. 水力发电学报，2015，34（12）：54-63.

［130］ 王学斌，畅建霞，孟雪姣，等. 基于改进 NSGA-Ⅱ的黄河下游水库多目标调度研究［J］. 水利学报，2017，48（2）：135-145，156.

［131］ 王丽萍，王渤权，李传刚，等. 基于均匀自组织映射遗传算法的梯级水库优化调度［J］. 系统工程理论与实践，2017，37（4）：1072-1079.

［132］ Kennedy J，Eberhart R. Particle swarm optimization［C］. in Proceedings of IEEE International Conference on Neural Networks. Perth：IEEE. 1995：1942-1948.

［133］ Parsopoulos K E，Vrahatis M N. Recent approaches to global optimization problems through particle swarm optimization［J］. Natural Computing，2002，1（2-3）：235-306.

［134］ 李崇浩，纪昌明，李文武. 改进微粒群算法及其在水库优化调度中的应用［J］. 中国农村水利水电，2006（2）：54-56.

［135］ Kumar D，Reddy M J. Multipurpose reservoir operation using particle swarm optimization［J］. Journal of Water Resources Planning and Management，2007，133（3）：192-201.

［136］ 张双虎，黄强，吴洪寿，等. 水电站水库优化调度的改进粒子群算法［J］. 水力发电学报，2007，26（1）：1-5.

［137］ Yuan X H，Wang L，Yuan Y B. Application of enhanced PSO approach to optimal scheduling of hydro system［J］. Energy Conversion & Management，2008，49（11）：2966-2972.

［138］ 周建中，李英海，肖舸，等. 基于混合粒子群算法的梯级水电站多目标优化调度［J］. 水利学报，2010，41（10）：1212-1219.

［139］ 万文华，郭旭宁，雷晓辉，等. 跨流域复杂水库群联合调度规则建模与求解［J］. 系统工程理论与实践，2016，36（4）：1072-1080.

［140］ 郭旭宁，雷晓辉，李云玲，等. 跨流域水库群最优调供水过程耦合研究［J］. 水利学报，2016，47（7）：949-958.

［141］ 邹强，王学敏，李安强，等. 基于并行混沌量子粒子群算法的梯级水库群防洪优化

调度研究 [J]. 水利学报，2016，47（8）：967 - 976.

[142] 陈悦云，梅亚东，蔡昊，等. 面向发电、供水、生态要求的赣江流域水库群优化调度研究 [J]. 水利学报，2018，49（5）：628 - 638.

[143] Dorigo M，Aniezzo V M，Colorn A. Ant - system：optimization by a colony of cooperation agents [J]. IEEE Transactions on Systems，Man，and Cybernetics，Part B，1996，26（1）：29 - 41.

[144] 徐刚，马光文. 基于蚁群算法的梯级水电站群优化调度 [J]. 水力发电学报，2005，24（5）：7 - 10.

[145] 徐刚，马光文，涂扬举. 蚁群算法求解梯级水电厂日竞价优化调度问题 [J]. 水利学报，2005，36（8）：978 - 987.

[146] Kumar D N，Reddy M J. Ant colony optimization for multi - purpose reservoir operation [J]. Water Resources Management，2006，20（6）：879 - 898.

[147] Jalali M R，Afshar A，Marino M A. Multi - colony ant algorithm for continuous multi - reservoir operation optimization problem [J]. Water Resources Management，2007，21（9）：1429 - 1447.

[148] 谢红胜，吴相林，陈阳，等. 梯级水电站短期优化调度研究 [J]. 水力发电学报，2008，27（6）：1 - 7.

[149] 黄强，万芳，邱林，等. 水库群供水调度预警系统研究及应用 [J]. 水利学报，2011，42（10）：1161 - 1167.

[150] 纪昌明，喻杉，周婷，等. 蚁群算法在水电站调度函数优化中的应用 [J]. 电力系统自动化，2011，35（20）：103 - 107.

[151] 刘玒玒，汪妮，解建仓，等. 水库群供水优化调度的改进蚁群算法应用研究 [J]. 水力发电学报，2015，34（2）：31 - 36.

[152] Storn R，Price K. Differential evolution - a simple and efficient heuristic for global optimization over continuous spaces [J]. Journal of Global Optimization，1997，11（4）：341 - 359.

[153] 刘波，王凌，金以慧. 差分进化算法研究进展 [J]. 控制与决策，2007，22（7）：721 - 729.

[154] 黄强，张洪波，原文林，等. 基于模拟差分演化算法的梯级水库优化调度图研究 [J]. 水力发电学报，2008，27（6）：13 - 17.

[155] 覃晖，周建中，王光谦，等. 基于多目标差分进化算法的水库多目标防洪调度研究 [J]. 水利学报，2009，40（5）：513 - 519.

[156] 郑慧涛，梅亚东，胡挺，等. 双层交互混合差分进化算法在水库群优化调度中的应用 [J]. 水力发电学报，2013，32（1）：54 - 62.

[157] Jothiprakash V，Arunkumar R. Optimization of hydropower reservoir using evolutionary algorithms coupled with chaos [J]. Water Resouces Management，2013，27：1963 - 1979.

[158] 王学敏，周建中，欧阳硕，等. 三峡梯级生态友好型多目标发电优化调度模型及其

求解算法 [J]. 水利学报，2013，44（2）：154 – 163.

[159] Yazdi J，Moridi A. Multi – objective differential evolution for design of cascade hy-dropower reservoir systems [J]. Water Resources Management，2018，32（14）：4779 – 4791.

[160] Liang R H，Hsu Y Y. Scheduling of hydroelectric generations using artificial neural networks [J]. IEE Proceedings – Generation，Transmission and Distribution，1994，141（5）：452 – 458.

[161] Teegavrapu R S V，Simonovic S P. Optimal operation of reservoir systems using sim-ulated annealing [J]. Water Resources Management，2002，16（5）：401 – 428.

[162] 邹进，李承军. 三峡梯级电站的模糊优化调度方法 [J]. 水电自动化与大坝监测，2002，26（3）：56 – 59.

[163] Cheng C T，Wang W C，Xu D M，et al. Optimizing hydropower reservoir operation using hybrid genetic algorithm and chaos [J]. Water Resources Management，2008，22（7）：895 – 909.

[164] 左幸，马光文，徐刚，等. 人工免疫系统在梯级水库群短期优化调度中的应用 [J]. 水科学进展，2007，18（2）：277 – 281.

[165] 吴杰康，孔繁镍. 文化算法及其在梯级水电站长期优化调度中的应用 [J]. 电工技术学报，2011，26（3）：182 – 190.

[166] Mehta R，Jain S K. Optimal operation of a multi – purpose reservoir using neuro – fuzzy technique [J]. Water Resources Management，2009，23（3）：509 – 529.

[167] 刘卫林，董增川，王德智. 混合智能算法及其在供水水库群优化调度中的应用 [J]. 水利学报，2007（12）：1437 – 1443.

[168] 邹强，鲁军，周超，等. 基于并行混合差分进化算法的梯级水库群优化调度研究 [J]. 水力发电学报，2017，36（6）：57 – 68.

[169] Cheng C T，Wu X Y，Chau K W. Multiple criteria rainfall – runoff model calibration using a parallel genetic algorithm in a cluster of computers [J]. Hydrological Sciences Journal，2005，50（6）：1069 – 1087.

[170] 余欣，杨明，王敏，等. 基于 MPI 的黄河下游二维水沙数学模型并行计算研究 [J]. 人民黄河，2005，27（3）：49 – 53.

[171] 陈立华，梅亚东，麻荣永. 并行遗传算法在雅砻江梯级水库群优化调度中的应用 [J]. 水力发电学报，2010，29（6）：66 – 70.

[172] 李想，魏加华，姚晨晨，等. 基于并行动态规划的水库群优化 [J]. 清华大学学报（自然科学版），2013，53（9）：1235 – 1240.

[173] 郑慧涛，梅亚东，杜亚平，等. 大规模水电站群短期优化调度的并行求解 [J]. 华中科技大学学报（自然科学版），2013，41（1）：16 – 20.

[174] 刘方，张粒子. 基于大系统分解协调和多核集群并行计算的流域梯级水电中长期调度 [J]. 中国电机工程学报，2017，37（9）：2479 – 2491.

[175] 张忠波，吴学春，张双虎，等. 并行动态规划和改进遗传算法在水库调度中的应用

[J]. 水力发电学报, 2014, 33 (4): 21-27.

[176] 唐海华, 郑慧涛, 梅亚东, 等. 巨型水电站群短期联合调度双层并行优化方法及其应用 [J]. 水电能源科学, 2013, 31 (1): 45-48.

[177] 程春田, 郜晓亚, 武新宇, 等. 梯级水电站长期优化调度的细粒度并行离散微分动态规划方法 [J]. 中国电机工程学报, 2011, 31 (10): 26-32.

[178] Cheng C T, Wang S, Chau K W, et al. Parallel discrete differential dynamic programming for multireservoir operation [J]. Environmental Modelling & Software, 2014, 57: 152-164.

[179] 廖胜利, 唐诗, 武新宇, 等. 库群长期优化调度的多核并行粒子群算法 [J]. 水力发电学报, 2013, 32 (2): 28-83.

[180] 王森, 程春田, 武新宇, 等. 梯级水电站群长期发电优化调度多核并行随机动态规划方法 [J]. 中国科学: 技术科学, 2014, 44 (2): 209-218.

[181] 彭安邦, 彭勇, 周惠成. 跨流域调水条件下水库群联合调度图的多核并行计算研究 [J]. 水利学报, 2014, 45 (11): 1284-1292.

[182] 程春田, 武新宇, 申建建, 等. 大规模水电站群短期优化调度方法 I: 总体概述 [J]. 水利学报, 2011, 42 (9): 1017-1024.

[183] 李致家. 水文模型的应用与研究 [M]. 南京: 河海大学出版社, 2008.

[184] 曾筠, 武新宇, 程春田, 等. 跨流域水电站群长期优化调度的可变策略搜索求解算法 [J]. 中国电机工程学报, 2013, 33 (28): 9-16.

[185] Solomatine D P, Dulal K N. Model trees as an alternative to neural networks in rainfall—runoff modelling [J]. Hydrological Sciences Journal, 2003, 48 (3): 399-411.

[186] 胡铁松, 陈红坤. 径流长期分级预报的模糊神经网络方法 [J]. 模式识别与人工智能, 1995, 8 (S1): 146-151.

[187] ASCE-Task-Committee. Artificial neural networks in hydrology-II: Hydrological applications [J]. Journal of Hydrologic Engineering, 2000b, 5 (2): 124-137.

[188] Hsu K, Gupta H V, Sorroshian S. Artificial neural network modelling of the rainfall-runoff process [J]. Water Resource Research, 1995, 31 (10): 2517-2530.

[189] Wang W C, Chau K W, Cheng C T, et al. A comparison of performance of several artificial intelligence methods for forecasting monthly discharge time series [J]. Journal of Hydrology, 2009, 374 (3-4): 294-306.

[190] Wang W S, Jin J L, Li Y Q. Prediction of inflow at Three Gorges Dam in Yangtze River with wavelet network model [J]. Water Resources Management, 2009, 23 (13): 2791-2803.

[191] Nourani V, Komasi M, Mano A. A multivariate ANN-wavelet approach for rainfall-runoff modeling [J]. Water Resources Management, 2009, 23 (14): 2877-2894.

[192] Wei S, Song J, Khan N I. Simulating and predicting river discharge time series using a wavelet-neural network hybrid modelling approach [J]. Hydrological Processes, 2012, 26 (2): 281-296.

[193] Kisi O. Neural networks and wavelet conjunction model for intermittent streamflow forecasting [J]. Journal of Hydrologic Engineering, 2009, 14 (8): 773 – 782.

[194] Wang Y, Wang H, Lei X, et al. Flood simulation using parallel genetic algorithm integrated wavelet neural networks [J]. Neurocomputing, 2011, 74 (17): 2734 – 2744.

[195] Wu C L, Chau K W, Li Y S. Methods to improve neural network performance in daily flows prediction [J]. Journal of Hydrology, 2009, 372 (1 – 4): 80 – 93.

[196] Nourani V, Komasi M, Alami M T. Hybrid wavelet – genetic programming approach to optimize ANN modeling of rainfall – runoff process [J]. Journal of Hydrologic Engineering, 2012, 17 (6): 724 – 741.

[197] Shensa M J. The discrete wavelet transform: wedding the a trous and mallat algorithms [J]. IEEE Transactions on Signal Processing, 1992, 40 (10): 2464 – 2482.

[198] Luan Y. Multiresolution traffic prediction: combine RLS algorithm with wavelet transform [M]. Information Networking. Convergence in Broadband and Mobile Networking. Berlin Heidelberg: Springer. 2005, 3391, 321 – 331.

[199] Nash J E, Sutcliffe J V. River flow forecasting through conceptual models part I — A discussion of principles [J]. Journal of Hydrology, 1970, 10 (3): 282 – 290.

[200] Kisi O. Streamflow forecasting using different artificial neural network algorithms [J]. Journal of Hydrologic Engineering, 2007, 12 (5): 532 – 539.

[201] Carpenter W C, Barthelemy J F. Common misconceptions about neural networks as approximators [J]. Journal of Computing in Civil Engineering, 1994, 8 (3): 345 – 358.

[202] Vapnik V. Statistical Learning Theory [M]. New York: Springer, 1998.

[203] Dibike Y, Velickov S, Solomatine D, et al. Model induction with support vector machines: introduction and applications [J]. Journal of Computing in Civil Engineering, 2001, 15 (3): 208 – 216.

[204] Pai P F. System reliability forecasting by support vector machines with genetic algorithms [J]. Mathematical and Computer Modelling, 2006, 43 (3 – 4): 262 – 274.

[205] Adamowski J, Sun K. Development of a coupled wavelet transform and neural network method for flow forecasting of non – perennial rivers in semi – arid watersheds [J]. Journal of Hydrology, 2010, 390 (1 – 2): 85 – 91.

[206] Maheswaran R, Khosa R. Wavelet – volterra coupled model for monthly stream flow forecasting [J]. Journal of Hydrology, 2012, 450: 320 – 335.

[207] Maier H R, Dandy G C. Neural networks for the prediction and forecasting of water resources variables: a review of modelling issues and applications [J]. Environmental Modelling & Software, 2000, 15 (1): 101 – 124.

[208] Coulibaly P, Anctil F, Rasmussen P, et al. A recurrent neural networks approach using indices of low – frequency climatic variability to forecast regional annual runoff

[J]. Hydrological Processes, 2000, 14: 2755 – 2777.

[209] Jaeger H, Haas H. Harnessing nonlinearity: predicting chaotic systems and saving energy in wireless communication [J]. Science, 2004, 304 (5667): 78 – 80.

[210] Jaeger H, The echo state approach to analyzing and training recurrent neural networks. German National Research Center for Information Technology: Bremen. 2001.

[211] Sacchi R, Ozturk M C, Principe J C, et al. Water inflow forecasting using the echo state network: a Brazilian case study [C]. in Proceedings of the IEEE International Joint Conference on Neural Networks. Orlando, Florida, USA. 2007: 2403 – 2408.

[212] Coulibaly P. Reservoir computing approach to Great Lakes water level forecasting [J]. Journal of Hydrology, 2010, 381 (1): 76 – 88.

[213] de Vos N. Echo state networks as an alternative to traditional artificial neural networks in rainfall – runoff modelling [J]. Hydrology and Earth System Sciences, 2013, 17 (1): 253 – 267.

[214] Wyffels F, Schrauwen B, Stroobandt D. Stable output feedback in reservoir computing using ridge regression [M] //Artificial Neural Networks – ICANN 2008. Berlin Heidelberg: Springer, 2008: 808 – 817.

[215] Shi Z, Han M. Support vector echo – state machine for chaotic time – series prediction [J]. IEEE Transactions on Neural Networks, 2007, 18 (2): 359 – 372.

[216] 李向阳, 程春田, 林剑艺. 基于 BP 神经网络的贝叶斯概率水文预报模型研究 [J]. 水利学报, 2005, 37 (3): 354 – 359.

[217] Nabney I T. Netlab algorithms for pattern recognition [M]. New York: Springer, 2004.

[218] Khan M S, Coulibaly P. Bayesian neural network for rainfall – runoff modeling [J]. Water Resources Research, 2006, 42: W07409.

[219] Liu Y, Liu Q, Wang W, et al. Data – driven based model for flow prediction of steam system in steel industry [J]. Information Sciences, 2012, 193: 104 – 114.

[220] 丛爽, 高雪鹏. 几种递归神经网络及其在系统辨识中的应用 [J]. 系统工程与电子技术, 2003, 25 (2): 194 – 197.

[221] Jaeger H, Reservoir riddles: suggestions for echo state network research, in Proceedings of International Joint Conference on Neural Networks. Montreal, Canada. 2005: 1481 – 1483.

[222] Hippert H S, Taylor J W. An evaluation of Bayesian techniques for controlling model complexity and selecting inputs in a neural network for short – term load forecasting [J]. Neural Networks, 2010, 23: 386 – 395.

[223] Mutlu E, Chaubey I, Hexmoor H, et al. Comparison of artificial neural network models for hydrologic predictions at multiple gauging stations in an agricultural watershed [J]. Hydrological Processes, 2008, 22 (26): 5097 – 5106.

[224] Qin H，Zhou J Z，Lu Y L，et al. Multi‐objective differential evolution with adaptive Cauchy mutation for short‐term multi‐objective optimal hydro‐thermal scheduling [J]. Energy Conversion and Management，2010，51（4）：788‐794.

[225] 郑慧涛，梅亚东，胡挺，等. 改进差分进化算法在梯级水库优化调度中的应用 [J]. 武汉大学学报（工学版），2013，46（1）：57‐61.

[226] Yuan X H，Cao B，Yang B，et al. Hydrothermal scheduling using chaotic hybrid differential evolution [J]. Energy Conversion and Management，2008，49：3627‐3633.

[227] 李兵，蒋慰孙. 混沌优化方法及其应用 [J]. 控制理论与应用，1997，14（4）：613‐615.

[228] Tavazoei M S，Haeri M. Comparison of different one‐dimensional maps as chaotic search pattern in chaos optimization algorithms [J]. Applied Mathematics and Computation，2007，187（2）：1076‐1085.

[229] 张浩，张铁男，沈继红，等. Tent 混沌粒子群算法及其在结构优化决策中的应用 [J]. 控制与决策，2008，23（8）：857‐862.

[230] 王筱珍，李鹏，俞国燕. 分阶段二次变异的多目标混沌差分进化算法 [J]. 控制与决策，2011，26（3）：457‐462.

[231] 申建建，程春田，廖胜利，等. 基于模拟退火的粒子群算法在水电站水库优化调度中的应用 [J]. 水力发电学报，2009，28（3）：10‐15.

[232] 陈华根，吴健生，王家林，等. 模拟退火算法机理研究 [J]. 同济大学学报（自然科学版），2004，32（6）：802‐805.

[233] Thomaszewski B，Pabst S，Blochinger W. Parallel techniques for physically based simulation on multi‐core processor architectures [J]. Computers ＆ Graphics，2008，1（32）：25‐40.

[234] 伊君翰. 基于多核处理器的并行编程模型 [J]. 计算机工程，2009，35（8）：62‐64.

[235] Yao X，Liu Y，Lin G. Evolutionary programming made faster [J]. IEEE Transactions on Evolutionary Computation，1999，3（2）：82‐102.

[236] 李保健，廖胜利，程春田，等. 中期火电开机优化模型研究及系统设计 [J]. 电力系统保护与控制，2011，39（11）：9‐16.

[237] 张雯怡，黄强，畅建霞. 水库发电优化调度模型的对比研究 [J]. 西北水力发电，2005，21（3）：47‐49.

[238] 梅亚东，杨娜，翟丽妮. 雅砻江下游梯级水库生态友好型优化调度 [J]. 水科学进展，2009，20（5）：721‐725.

[239] Ju Hwan. Maximization of hydropower generation through the application of a linear programming model [J]. Journal of Hydrology，2009，376（1‐2）：182‐187.

[240] Hınçal O，Altan‐Sakarya A，Metin Ger A. Optimization of multireservoir systems by genetic algorithm [J]. Water Resources Management，2011，25（5）：1465‐1487.

[241] Wang J W，Yuan X H，Zhang Y C. Short‐term scheduling of large‐scale hydro-

power systems for energy maximization [J]. Journal of Water Resources Planning and Management – ASCE, 2004, 130 (3): 198 – 205.

[242] Braga B P F, Yeh W W G, Becker L, et al. Stochastic optimization of multiple – reservoir – system operation [J]. Journal of Water Resources Planning and Management – ASCE, 1991, 117 (4): 471 – 481.

[243] Yu Z W, Sparrow F T, Bowen B H. A new long – term hydro production scheduling method for maximizing the profit of hydroelectric systems [J]. IEEE Transactions on Power Systems, 1998, 13 (1): 66 – 71.

[244] 陈森林, 万俊, 刘子龙, 等. 水电系统短期优化调度的一般性准则 (1) ——基本概念与数学模型 [J]. 武汉水利电力大学学报, 1999, 32 (3): 34 – 37.

[245] 张双虎, 黄强, 蒋云钟, 等. 梯级电站长期负荷分配模型及其求解方法 [J]. 西安理工大学学报, 2009, (2): 135 – 140.

[246] Finardi E C, da Silva E L. Solving the hydro unit commitment problem via dual decomposition and sequential quadratic programming [J]. IEEE Transactions on Power Systems, 2006, 21 (2): 835 – 844.

[247] 邢文训, 谢金星. 现代优化计算方法 [M]. 2 版. 北京: 清华大学出版社. 2005.

[248] 程春田, 廖胜利, 武新宇, 等. 面向省级电网的跨流域水电站群发电优化调度系统的关键技术实现 [J]. 水利学报, 2010, 41 (4): 477 – 482.